美丽乡村建设规划设计系列图集

U0170159

典型农房设计图集
樱桃沟村

孙　君　著

中国建材工业出版社

图书在版编目（CIP）数据

典型农房设计图集．樱桃沟村／孙君著．-- 北京：
中国建材工业出版社，2020.12（2021.11重印）
ISBN 978-7-5160-2735-6

Ⅰ．①典… Ⅱ．①孙… Ⅲ．①农村住宅—建筑设计—
十堰—图集 Ⅳ．① TU241.4-64

中国版本图书馆 CIP 数据核字（2019）第 264213 号

典型农房设计图集·樱桃沟村
Dianxing Nongfang Sheji Tuji · Yingtaogoucun
孙　君　著

出版发行：中国建材工业出版社
地　　址：北京市海淀区三里河路 1 号
邮政编码：100044
经　　销：全国各地新华书店
印　　刷：北京天恒嘉业印刷有限公司
开　　本：710mm×1000mm　1/16
印　　张：10
字　　数：100 千字
版　　次：2020 年 12 月第 1 版
印　　次：2021 年 11 月第 2 次
定　　价：68.00 元

乡村文化的延伸

李兵弟

　　我国改革开放四十多年来，广大的农村地区经济快速发展，工业化、城镇化不断向广大农村延伸，农民获得了经济利益。农村生态环境和生存状况也在悄然改变。一个个类似城镇的村庄不断出现，随之而来的是农村传统文化特质和地域文化特征被蚕食，存在了几百数千年的乡村文化、村落自然布局、田园天然生境和乡民道德规范被慢慢敲碎，地方生态资源与人居环境不断被摧垮。农民和基层干部，还有那些已经进了城的"城里人"突然发现，老一辈人留下的传承几百年数千年、原本再熟悉不过的生活习俗、生存环境在不以他们意志为转移地被重新改写，有的已经不复存在了。

　　改革开放的进一步深入，推动着农村各项事业的不断发展，必然历史性地选择新农村建设。党的十八大进一步规划了城乡统筹与新农村建设的蓝图，各地新农村建设特色纷呈。据统计，我国目前还有近 60 万个行政村，近年来每年中央各部门投入的农村发展建设资金高达数千亿元，这一公共财政向农村转移支付的力度还会不断地加大。

　　政府官员、基层农村干部、农民们的视野和利益都被放到这一崭新的平台上，谁都想着为农村发展多出力。然而，不少地方政府，尤其是县、乡镇两级政府官员在新农村建设中，经常苦于找不到满意的专业规划设计团队，无法做出适合当地农村特点、生态环境、农民意愿，有传承、有价值、有前瞻性的新农村建设专业规划设计。在新农村建设中科学地规划当地的乡镇村庄环境，设计出农民能接受并喜爱的民居，推动村庄经济社会发展，已经愈发成为政府呼吁、农民期望的一件大事和实事。

两年前，孙君、李昌平率领一批有识之士、有志之士创建了中国乡村规划设计院（简称乡建院），走上绿色乡建的道路。据我所知，这是中国内地第一家由民间发起、民间组织，专门从事农村规划设计，并全程负责规划设计项目建设落地的专业机构。

2018 年，由中国城乡统筹委、北京绿十字联合组建运营前置、系统乡建的专业性硬件、软件与运营一体的研究院——农道联众。农道联众始终坚持农民是主体、主力军的基本原则，政府给予辅助和指导，其他社会力量协作，确保农民利益放在第一位。农道联众要为"适应城市化和逆城市化并存之趋势建设新农村"。他们结合当地产业结构调整、生态环境保护、地域文化特质等重要元素，做出符合当地客观条件的新农村建设综合规划，设计出农民喜爱、造价低廉，更能传承地域文化特点的典型农房。他们视"绿色乡建"为事业、为使命、为责任，"让农村建设得更像农村"。事不易，实不易，笃行之。

这套《美丽乡村建设规划设计系列图集》丛书的作者孙君，他是一位画家，却扎根农村二十年。他有很多农民朋友，春节时都是与他们一起度过。农村发展农房建设现已成了他笔下的主业，在农村乡舍小屋闲暇之时的作画却成了余兴，画作的收入又成了支持主业发展的资金。当年他在湖北襄樊市（今襄阳市）谷城县五山镇堰河村做新农村建设，从垃圾分类、文化渗透、环保先行、生产调整入手，依托村干部，发动农民，协助政府，扎扎实实地做出了国内有相当影响力的"五山模式"。随后在湖北王台村、山东方城镇、四川什邡市渔江村、湖北宜昌枝江市问安镇、郧县樱桃沟村、广水桃源村，以及河南信阳市平桥区郝堂村、南水北调中线取水地丹江口水库所在的淅川县等村镇，积极探索新型乡村建设的绿色之路、希望之路。孙君先生以艺术家的视角挖掘并竭力保留农村仅存的历史精神文化元素，运用于农民房屋设计、村落景观规划，以尊重农民的生活和生产为主旨的建设理念，受到广大农民朋友的拥护与爱戴，得到当地政府的理解和支持。

本套丛书集结了作者孙君以及农道联众同事的智慧和力量，在扎实调研、深入走访了解农民需求，结合当地政府对新农村建设的具体要求，发掘河南、湖北等地浓厚楚文化、汉文化，设计出农民欢迎喜爱、当地政府满意的具有鲜明中原大地特质的乡村规划、典型农房，使农道联众、孙君等的中国新农村建设理念扎扎实实"做了出来"，充分展现了新农村建设中的生态文明之自然之美、和谐之美。

本套丛书的出版将为中国新农村建设提供独特的绿色思路，提供为各级政府容易理解、广大农民朋友喜欢并接受的实用性很强的典型农房户型图集。孙君说，他们就是要使相关政府官员、农民朋友按照这套丛书图集，就能很快做出来"样本"。

祝愿孙君和他的同事们，祝愿农道联众在探索中国新农村建设的道路上，走得更远、更稳。

中国城市科学研究会副会长

住房城乡建设部村镇建设司原司长

中国乡建院顾问

李兵弟

2019 年 7 月于北京

农房·重、牢、用、传

孙 君

2012年因南水北调，因湖北"绿色幸福村"，走进十堰郧县樱桃沟。

樱桃沟项目是我们项目中持续时间最久的，从2012年一直到2019年，从一个村到柳坡镇，中途镇书记换了，县委书记也换了，还好项目都在一直向前赶。幸运的不只是我们，也有樱桃沟的农民。

可惜，郝堂村、桃源村等就没有这么好的运气，因为领导的调动，很多项目就疲软了。当然比山东临沂诸满村、湖北远安县、襄阳熊营八二组还是好一些，这些村、县、组非常可惜，大多数已落花流水、无声无息。

樱桃沟村七年来，政府持之以恒，一届接着一届，坚持高标准、高设计、高规格，从一个村发展到整个郧阳区，非常难得，这是一个真正有高度、有胸怀、有初心的郧阳区。

农民房子基本要素是：重、牢、用、传，特点是省钱、气派、好看。

1. 重：厚重，像农民一样，踏踏实实；

2. 牢：牢固，盖房子、娶媳妇、生孩子，房子是要传宗接代；

3. 用：好用，功能齐全，满足生活、生产、祭祖、风水；

4. 传：传统，要有中堂、灶王爷、祠堂、祖坟，这些是农民生活的重要组成部分。

（一）房子重与牢

农民一生三件事：盖房、娶妻、生孩子。盖房是最大的事，这也是我们乡建的主体工作。

樱桃沟项目在堰河村与郝堂村之后，所以项目在规划与设计时做得更加成熟，尤其是在农民房子设计时更应考虑实用性与功能性。

中国农民房子与西方不一样。中国农民的特点是安居乐业，建一座房子用几代人，房子跟田地连在一起，生活、生产与乐业是一起的，所以他们对房子很重视，建得很坚固，讲究民俗与风水，同时也是显示个人的成功，所以农民一有钱一定先建房、建好房，这与西方完全不同。西方是游牧与航海经济，流动性较大，房子大多是临时的，简单、易搬易运，像美国、日本、荷兰，大风一来很多房子就被吹倒了。"安居"二字，"安"字就有坚固的意思，还有好的意思，这与农耕文明有直接的关系。

（二）实用与功能

樱桃沟村设计了五套户型，从75平方米到260平方米。如二号房75平方米的小户型，投资约在6万元，这种户型就很实用，特别适合老两口或一人户，乡村的家庭人口已与城市差不多，老人与青年人都分户。这些房子建得比较好看，如果老人百年了，这些房子未来可以自己住，也可以独立出租给城市人来乡村度假与养老。正因为如此，房子在设计时基础建得比较高，防潮，功能也实用，朝阳卧室、餐厅、卫浴，中堂为客厅，采光与通风都有考虑。

房子在设计时没有什么不可创新，但是要把握"度"。樱桃沟村房子基本保持本地汉江流域的元素，农民房子朴素是重要特点，建筑材料本地化，工艺简单，做工很细，这样的房子属于传统中的经典样子。因为没有过度创新，才有了永恒性的感觉，永远也不会落后。相反过度设计、过度装饰、过度园林化的房屋就容易过时，也易损坏，感觉怪怪的，很易被拆除，因为乡村是一个约定成俗的社会，对异类与不合群的东西始终处在排斥状态。

我在设计二号房子时，是在传统与习俗中做了局部微改，更多是将实用性与美观相结合。比如外表四个墙的角，我特别夸大由角改成面与柱的结合。房檐下扣墙面收束，让厚重的房子显得有一些灵气与美感，在色彩上特别调整，以70%

为灰色（灰砖），20% 为黄泥深色，10% 为白色（石灰），因亮色显得格外精神，又不失厚重，这是吸取汉风。

老人到了黄昏之象，尽量显有精神之气，有颜色之美。还有未来老人故去，作为乡宿与居住也能感觉是一个有艺术品质的民宅。

类似这样老人的房子，小体量，投入在 5 万~6 万元的房子要想设计得美与实用，其实很难，作为投资人或政府也不愿下功夫，尤其是弱势群体，他们的房子都不好看，品质与美观一般，如移民房、养老院、搬迁房、拆迁户等。我恰恰相反，越是大家不关注的房子我越感觉更需要被重视、关爱，要好好地进行设计。这些年我们做的绿十字与农道联众、中国乡建院，我们都以最大的热忱与关注为村民、为乡村、为弱势人群提供服务，用茅于轼的话就是"拿富人钱，帮穷人办事"，这话听得顺，其实很难做到。

（三）非标准

乡村建筑尤其是农民房子，设计师与农民需求相差甚远，现实中很难做到农民能百分之百按图施工。今天的农民 80% 以上都进过城或到城里打过工，见得多，看得多，也有了自己的想法与审美（受欧式建筑影响），特别是农民这个群体，他们因一直生活在一个以熟人与血缘构成的信任关系中，所以一般对外来事物与契约不易认同，几千年以来，农民的信任一直没有跳出熟人圈。

所以我在设计樱桃沟村房子时，特别小心又小心，尽量做到让他们信任，并能够按图施工。在樱桃沟村设计这五套房子，村干部把设计的房子照片放大，全部贴在村委会的楼梯口，全村的人都进进出出，看后感觉很好，都说盖房时可以按这个样子去盖。樱桃沟村在五年间新建了三十多栋房子，都说按图建造，要我设计，可是我给他们的五套图没有一个会严格按图建房，几乎百分之百地会按照自己的实际需求调整改动。位置、地形、人口、风水、邻里关系、钱的多少、个人爱好与审美、老房子剩下的材料等，什么事都出来了。可是他们还是说"就要村委会楼道口上的样子"，这个答案是肯定的，这也就是他们说的样子。所以三十多家房子，三十多种设计，三十多种要求，三十多种造价，可是样子一定要按村委会墙上的，那个样子是他们小时候的印象，也是村委会楼道里的印象，是他们自己记忆中的样子。

可以看到，乡村的房子看上去全都一样，实际情况是每一户都不一样。

（四）传统伴随生活

农民的房子与城市人的房子有很大区别，农民房子不仅仅是居住，他们还有自己的小院、晒场、菜地、农具房、养殖区、视觉与风水空间等，那是千变万化的要求。比如说大门朝向，中堂的进深（考虑老人寿终正寝），房子左右的高度，大门面对的门、窗、角、树、山、路、山头、山脊、山沟等。房子在建造时，开工要选良辰吉日，要祭土地爷，上大梁更是大事，祭鲁班、论玉皇大帝等，工地上做事男女有别，很多事女人不能碰等。

房子在设计时，屋檐长度，屋脊、瓦的坡度，滴水台，房沟，朝向，大大小小门的尺度，中堂的进深，土地庙，院落中的工具房，养殖，菜地，晒谷场等，都要一一考虑，实用是农民建房最最重要的要素。

有时我向往在城市住房子，因为考虑的问题少了，事情就简单多了，不可能有这么多要求，更不可以有这些传统中的事宜与一个民族约定成俗的文化，想想城市人显得很可怜，也更觉得少了文化，也远离了天与地的深深纠葛。

樱桃沟村的五套房子，其实只是樱桃沟村房子的样子。一个风格，一个美感，一种定位，让农民心中敬畏，这大约就是文化，也是文明，这就是设计的意义。

也因为有了樱桃沟村五套房子的定位、风格、美观、造价、施工图、庭院绿化等，这个项目才有了持续性，有了由村到县的全域化乡村振兴。

（五）文化引领时代

乡村不像城市是一个标准、法律、制度的社会，乡村规划设计是一个动态设计，乡村是一个温度社会，天地相接，人与自然相融，自治与法治兼顾，四季变化，还是一个在苍穹之下的"农生镇，镇生城，城生中国之道。"

在樱桃沟村，我们不仅仅为农民设计了新房，也改造提升了旧房。把我们这个时代的杂种建筑，没文化内涵的设计，有违乡村常识的房子进行了微建。50山居、60院、70院、80院、90院，还有"孙君的院子"，这些房子与我设计的五套房子慢慢形成了一个完整的村落感，有新有旧，有传统有现代，这种感觉更像传统村落的感觉。

正是如此，樱桃沟村的房子设计得像乡村、像农民的房子，像汉江流域的风格，融入自然。樱桃树四季不同，年年绽放，让我们（城市人）有了敬意之感。看见村庄，看见农田里的农民，看见宗祠，看见门前的奶奶与孩子，心中就有了温暖，文化有了方向，设计有了生命，建筑成为风景，乡愁有了家园。

2019 年 8 月 15 日 永定县土楼之行

目　录
CONTENTS

散落樱花中，茶店有人家

——湖北十堰樱桃沟村

郧县地处鄂、豫、陕三省边沿，湖北省西北部、十堰市北部和西部，汉江上游，秦岭巴山东延余脉褶皱缓坡地带，史称"五丁於蜀道，武陵之桃源"。境内高山与盆地兼有，北部属秦岭余脉，南部属武当山，海拔多在 800 米以上；沟壑与岗地交错，山野辽阔，地势险要。全县辖 16 个镇、1 个县级经济开发区、3 个乡、1 个国营林场，521 个村民委员会，28 个居民委员会，3093 个村民小组。国土面积 3863 平方千米，总人口 55 万。

樱桃沟村地处十堰市和郧县的结合部（图 1-1），属典型的城郊村，版图面积 7.67 平方千米，其中耕地面积 2300 亩，山林面积 5700 亩，辖 11 个村民小组（图 2-2），426 户 1568 人。南距车城十堰 18 千米，209 国道穿境而过，出村两千米便可上福银（G70）高速。东面郧十一级路、土天路穿境而过，直达郧县城关（3 千米）和十堰城区（12 千米），城际公交正在规划之中。2010 年村里先后投资 400 余万元，对村级主公路进行了扩宽硬化，修建了两条环形路，两个大型停车场，如今村内道路畅通，停车方便。

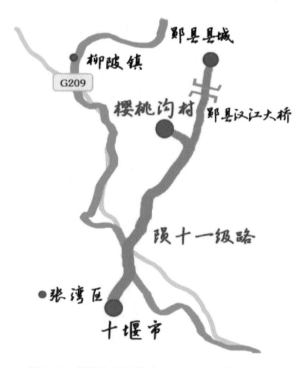

图 1-1　樱桃沟村区位（远方网　提供）

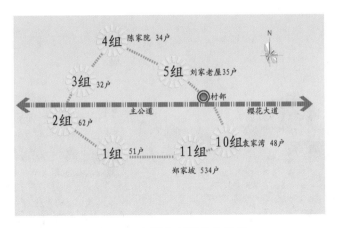

图1-2 樱桃沟村组分布情况

樱桃沟因漫山遍野的樱桃树而得名，村庄散落于樱桃树之间（图1-3~图1-5）。春有樱花烂漫，夏有樱桃满山，具有鲜明的山村特点和优美的自然环境。"樱桃花万树，春来想灼灼"。阳春三月，樱桃花、桃花次第怒放，把樱桃沟装扮成花的海洋，房型各异的农家乐掩映其中，踏青、赏花、挖野菜、体验农耕乐趣、品味农家饭，樱桃沟村一时之间游人如织，让人流连忘返。之前当地已经展开部分新农村建设，但所幸村里很多老房子还没有被新建设彻底损坏，乡村基本保持了原有的面貌和文化传承，具备良好的乡村景观恢复和乡村旅游发展基础。

图1-3 散落樱花中，茶店有人家（孟丽君 摄影）

图 1-4　漫山遍野的樱桃树

图 1-5　樱花丛中的老房子（泡鱼儿　摄影）

樱桃沟村
项目规划方案及实施

一、项目优势分析

郧县樱桃沟村具有丰富的旅游资源和良好的旅游环境，同时郧县丰富的历史文化资源，与十堰、西安等消费力旺盛的城市交通便利，加上南水北调工程的政治关注度，都为樱桃沟村的发展提供了良好的先天条件。

1. 内部资源优势

樱桃沟村地处汉江南岸，平均海拔 250 米左右，地势较为平坦；属亚热带季风气候区，年平均气温 16℃左右，冬季平均气温 3℃左右，夏季平均气温 28℃左右，年温差较大；无霜期约 250 天；年平均降雨量 700 毫米，气候宜和，雨量充沛，无霜期长。再加上土壤属于沙质土壤，透水、透气性较好，十分适宜樱桃等果树生长。樱桃成熟期早，有早春第一果的美誉，号称"百果第一枝"，深得广大群众的喜爱。

该村的乡村旅游发展已经具备非常好的基础，从 2009 年开始，当地各级领导就已经借助当地樱花、樱桃、草莓的生态亮点和产业优势，大力发展当地生态旅游和乡村旅游，形成了"春赏花，夏品果，农家饭菜喷喷香"的良好乡村旅游氛围。一年一度的樱桃节已经连续举办几届，具备良好的品牌沉淀价值（图 2-1）。

图 2-1　樱桃沟村农家乐（左：远方网　提供；右：薛振冰　摄影）

当地的村民通过多年的摸索和实践，对乡村价值体系有了认知基础，能够将农村的生产、生活、生态功能结合于一体，利用田园景观、自然生态及环境资源，结合农村文化及农家生活，为游客休闲旅游、体验农耕乐趣、了解农村文化提供相应的服务。

2. 外部资源优势

和樱桃沟村同属郧县的王家学村以山区原生态瓜果著称，青龙山村的恐龙化石足以吸引大量游客，郧县博物馆藏品之丰富、完善、奇特，更堪称为三星堆的"姊妹"，这些都为樱桃沟村的良性发展提供了良好的资源，同时也能够形成内部互相支撑、互相提升的文化交融。

3. 环境优势

从政策环境来讲，整个南水北调地区都将弱化工农业发展，突出水源涵养的重要性，在此基础上，只有发展生态型的乡村旅游才是当地发展的长久之计，同时，南水北调也能够给当地的乡村旅游发展带来更多的关注和机遇，只要做出品位、做出亮点，相关的政策和资金支持都会令当地旅游形成令人瞩目的良性循环链条。从自然环境来讲，郧县樱桃沟村依托相对封闭的一片山地山林，绿化充足，环境优美，偏安一隅，几个自然村组散落于樱花与浓荫当中，具有良好的乡村美学基础，同时容易满足城市游客厌倦都市、追求世外桃源的隐逸心理，具备发展为城市人群身体和心灵休憩港湾的良好基础。

4. 客源市场优势

本项目的区位正好位于湖北省和陕西省的交界处，除了主要目标消费城市十堰以外，同时也能够辐射到西安这一大型旅游城市。新道路修通之后，樱桃沟村距离十堰只有不到 20 分钟的车程。十堰是中国著名的汽车城市，拥有人口 340 万，市区固定人口 70 万，流动人口 50 万，机动车保有量 43 万辆，具有旺盛的自驾游和乡村旅游消费潜力，可以成为樱桃沟村潜力巨大的第一客源市场。西安距离樱桃沟村车程 3 个小时，在樱桃沟村发展后期，只要具备了足够的亮点，也完全可以吸引到西安的自驾游人群前来消费。

5. 团队优势

樱桃沟村隶属郧县开发区，村、区、县各级领导都对当地的发展给予了高度的重视。当地成立了专门的领导班子对接进行新规划的落地发展，具有良好的执行力和理论素质，为该项目的执行发展提供了团队的保障。

二、存在问题分析

1. 之前新农村建设的不利影响

之前的徽派农村建设由于属于外来文化输入，没有很好的突出本土乡村文化体系，没有将具有长久生命力的建筑和当地的风土人情进行有机融合，所以不能使农民的建筑成为流动的诗歌和音乐，更无法给前来游玩的市民提供浪漫的想象，所以不能够为旅游发展提供亮点。只有进一步结合本地建筑特色和优势进行规划设计，并融合本土积淀已久的风土人情，才能建设出真正让农民住着舒服、市民看着赏心悦目的房子，才能让当地的乡村旅游具备良好的光环效应。

2. 旅游结构过于陈旧

当地大多数村民对旅游仍然停留在给游客做几顿农家饭的基础状态，无法给予游客更多的服务内容，也无法用深层次的乡村文化打动和感染游客，属于乡村旅游中的粗放型经济，长期延续这样的旅游接待状况，不但不会获得长远的经济发展，而且还会在未来遇到环境污染、配套不足、吸引力下降、审美疲劳、竞争疲软等各种发展瓶颈。只有在建筑、装饰、绿化等硬件建设和接待、礼仪、修养、文艺等软件建设上一起进行体系化发展，才能真正使乡村文化在农民的生活中得以恢复和发展，并将其内涵逐渐融入旅游服务，这样才能够真正持久地吸引游客。因为旅游经济说到底是文化差异经济，没有文化差异，就没有旅游。

因为樱花和樱桃的时令限制，春天是旅游的旺季，夏、秋、冬是旅游的淡季。目前，樱桃沟村仍停留在消费农家饭这样单一的经济模式中，不足以形成长期稳定的旅游经济收入，因此也无法鼓励农民发展乡村旅游的信心，不能将当地的旅游定位仅仅限制在观赏樱花和采摘樱桃上，而是以观赏樱花和采摘樱桃作为最大的亮点，将樱桃沟村定位于城市人群在樱桃沟村长期持续享受乡村休闲活动和品味乡村特色文化。

3. 村庄卫生环境需要整治

樱桃沟村庄虽然具备很好的自然环境资源，但是农家卫生环境距离乡村旅游的要求仍然很远，在前期粗放型旅游经济发展的过程中，已经出现各种环境污染的弊端，如果不进行大力整治和培训指导，让村民形成良好的垃圾分类习惯，将来的樱桃沟村将无法让人赏心悦目，而是垃圾满山。因此，旅游发展，环境先行。

樱桃沟村需要进行整体的环境治理策划，并对村民进行资源分类和内外环境整治的技能培训。同时，通过环境整治实现村民参与式管理，让村民看到另一种集体改变村庄的潜力，从而激励其信心，创造更美好的家园。

4.乡村文化需要恢复

在樱桃沟村，很多东西得以幸存，但是村民的保护意识应该也随之提升，保护好各种承载每代人记忆的生活物品和生活方式，在保护中发展创新和吸引消费，才能真正继承到每代人遗留给新一代人的无形价值。在新的乡村建设体系中，各种传统的民居、器皿、家具、玩具、艺术、民俗、节庆、礼仪等都要逐渐恢复，这样做不但可以陶冶村民的情操，同时可以营造很好的旅游氛围，还能够创造足够多低成本高吸引力的旅游娱乐元素。

三、项目定位与发展方向

以樱花和樱桃为主题，延长旅游时间线，深入挖掘本土乡村文化，发展具有突出本土乡村文化魅力的乡村旅游，将樱桃沟村打造为一个城市中高端人群愿意持续利用假期到乡村休闲放松的理想场所。

为了防止现有发展模式对当地环境、村庄景观与村庄文化的伤害，在未来的规划步骤中，需要一一实现如下改善：

（1）公共服务：卫生间、停车场、超市、对外统一咨询电话、质量监督电话、卫生院。

（2）旧房改造：因为是贫困地区，这里的房子户型差异性大，建筑材料各异，功能与建筑强度不等，正因为有这么大的差异，就应该把差异度化为优势与特点，差异化、市场化、艺术化的改造几户农民的户型，作为郧县民房改造示范户。

（3）乡村景观修复：城市人来乡村，更多的是对乡村自然环境、农民传统建筑有极大的兴趣。目前乡村景观趋向园林与城市化，这是很大的误区，樱桃沟村的景观很好，也很乱，同时花期单一，只有春天有，所以这里的景观应该从产业、季节、乡村感做大规划，这对整个郧县14个乡村来说都是重要的。

（4）集体经济增强：村庄要持续的发展，要有凝聚力，集体经济与村民同步增长是唯一出路，成立以村为单位的品牌运作管理，筹建以村为单位的乡村养老金融合作社，以金融资本为村民的发展提供资金，为村里老人提供养老，以集资者的资本发展集体经济。

（5）服务与管理：目前严格来说樱桃沟村的发展模式不能称为旅游经济，因为还不具备服务与管理，仅仅是农民家里来了客人，多添几双筷子罢了。

经过改造后的樱桃沟村，争取达到标准化、特色化、专业化的新型农村风貌，吸引更多的游客在这里观光旅游，让樱桃沟村不仅成为湖北省的新型农业观光示范点，更成为全国的新型农村模范点。

四、景观恢复

1. 总体思路

进行村庄景观设计，要充分考虑农民的生产方式、生活方式和居住方式对设计的要求。制定和实施村庄规划设计，应当以服务农业、农村和农民为基本目标，坚持循序渐进、统筹兼顾、协调发展的基本原则。加快农业产业化发展，加强农村基础设施、生产生活服务设施建设以及公益事业建设与管理，从农村实际出发，尊重农民意愿，科学引导，体现地方和农村特色。合理确定乡和农村的发展目标，集约利用资源，保护生态环境，促进城乡可持续发展。

本规划旨在把樱桃沟村建造成一个具有时代特点和地方特征的旅游文化新村，美化沿线道路景观，打造以樱桃为主题的农家乐示范区（图2-2）。

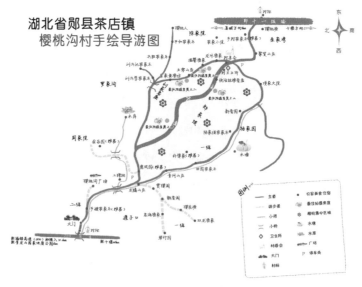

图2-2 樱桃沟村手绘导游图

2. 实施内容

（1）道路装点

通往樱桃沟村的道路蜿蜒曲折地盘旋在山体之间，就像一条跳跃的丝带盘绕在威严的山间，妖娆、曲折、通幽，牵动一片旖旎风光。欢快的波斯菊花带既颇具匠心，又精致得全无匠气；既儒雅深沉，又活泼灵动，使得朵朵花瓣簇拥升腾如舞台上那舒卷自如的水袖，看似不经意挥洒间，也足以让行者心神荡漾。

绵延的锦带盘绕着村庄、农田和水塘。经过村庄时，它逶迤多姿，伸向千家万户的院门；通往农田时，它盘桓陡峭，隐约遁入庄稼地畔的陇上；走过水塘时，它奇幻游弋，水中的倒影如长蛇般摆动着尾巴。

（2）房屋改造

樱桃沟村因是贫困地区，房子户型差异性大，建筑材料各异，功能与建筑强度不等，正因为有这么大的差异，就应该把差异度化为优势与特点，以"年代秀"为化腐朽为神奇的主题，在不大拆大建的前提下，差异化、市场化、艺术化的改造 10 户农民的乡村建筑户型，突出樱桃沟村本土建筑文化，作为樱桃沟村民房改造示范户。

樱桃沟村的房子根据建筑材料使用的不同，不采取整体改建，根据不同房子的风格，在原有的基础上整治、修葺，还要根据房舍的建设，配以不同年代的园林景观元素，使它们突出年代的意义，即为"年代秀"。樱桃沟村的发展历史悠久，但在物质景观方面保存的不多，所以"年代秀"的表现只能从 20 世纪 50 年代开始，继而 20 世纪 60 年代、70 年代、80 年代（图 2-3~ 图 2-6）。

图 2-3 20 世纪 50 年代土坯房（"50 后"记忆）

图 2-4　20 世纪 60 年代红砖房（"60 后"记忆，薛振冰　摄影）

图 2-5　20 世纪 70 年代砖石房（"70 后"记忆）

　　20 世纪 50 年代的代表房舍就是"土坯房"，它不仅是樱桃沟村的历史迹象，而且还映射出中国 50 年代的生活水平。到了 20 世纪 60 年代，人民烧制红砖，材料轻便，质地相比土坯较结实。20 世纪 70 年代人民的生活稍有提高，房舍建筑变为以石料和砖为原料的混合结构。20 世纪 80 年代的房屋多数就采用水泥和瓷砖。

图2-6　20世纪80年代水泥瓷片房（"80后"记忆，泡鱼儿　摄影）

五、环境治理

1. 总体思路

首先进行各种卫生死角和多年沉积杂物与垃圾的处理，以及各种视觉污染广告的处理，疏通河道和道路；然后结合当地的经济实力，本着最节约的原则，修建或恢复科学的垃圾分类处理体系和排污体系；最后对村民进行资源分类的培训、管理、指导、监督。让樱桃沟村恢复为一个整洁漂亮、清新怡人的山村，为发展旅游提供基础环境条件。同时通过参与式管理资源分类，提升村民对参与式管理的认识，丰富村民对参与式管理的实践经验，为将来实现旅游服务的参与式管理奠定基础。

2. 实施内容

（1）当前生活垃圾分布及污水状况分析

垃圾主要分布在开办农家乐区域、溪水区、树林里；垃圾池全村5处，修建位置不太理想，处理垃圾不方便，还破坏周边环境；开办农家乐的农户，厨余垃圾没有处理的渠道，厕所垃圾直接倾倒；生活排污系统曾经做过一个，但没真正利用上；农户房前屋后堆放的杂物需要治理和规整；全村墙体广告和户外广告牌需要统一清理治理。

（2）处理方法

每家每户进行资源分类，从源头开始减少垃圾，进行回收利用；每户污水处理系统和集中污水处理系统相结合；转变生活习惯，改变随地乱扔垃圾的习惯，形成垃圾分类的良好习惯；每户家庭把自己家清理干净，收拾整齐，养成良好的卫生习惯；每家每户把房前屋后2米范围内收拾整理好；厕所垃圾建议单独收集；开办农家乐的村民每月开展厨房、卫生间、客房垃圾分类评比；公共场所不使用垃圾桶，全村修建2~3个分类垃圾池（图2-7）；全村制定垃圾分类制度，奖惩必须严格执行；全村广告式样和位置统一规范。

图2-7　村中的垃圾分类池（薛振冰　摄影）

（3）资源分类的实施对象

每户家庭是实施垃圾分类的主体，村委会是全村运作的主导，学校老师、学生是资源分类的积极推动者和监督者。可以分为以下3个小组实施：

妇女组：负责和监督全村主干道周边的环境卫生，并且负责搞好家庭资源分类工作；

农家乐组：负责把开办农家乐的厨房垃圾、厕所垃圾进行分类处理，对广告位置和式样进行监督（没经过监督组同意不能随便安放广告）；

监督组：主要针对村干部和推选出来的专门负责垃圾分类监督的妇女，由他们进行整个资源分类工作的实施和监督。

（4）资源分类步骤

动员和培训，讲述资源分类的意义、要求、方法和目标；每家每户自备垃圾分类桶；推选保洁员，村委会准备垃圾收集车辆，村中建设集中资源分类中心；组织妇女和农户出义务工，整治公共区域的环境卫生；每家每户按要求整治门前屋后的环境卫生；按计划日程在全村实行资源分类工作并开展评比。

（5）保障机制

资源分类是小事，可是小事不能做好就是大事。目前，村里的垃圾已经开始影响农家乐的生活与开展，所以希望镇政府与村委会能把这件小事当大事来抓，实行"户分类、村收集、村/县处理"的垃圾一体化处理模式；建立分级管理运行机制。利用农民的"面子观"引导农民营造文明乡风、树立珍爱家园的风尚，开展妇女评比、群众评比、县镇检查组评比等环境卫生评比活动；全村讨论制定相关垃圾分类制度和奖惩制度，并且必须严格执行。

（6）认识资源分类

可回收垃圾（资源类）。主要包括废纸、塑料、玻璃、金属和布料五大类。废纸：主要包括报纸、期刊、图书、各种包装纸、办公用纸、广告纸、纸盒等。但是要注意纸巾和厕所用纸属于不可回收。塑料：主要包括各种塑料袋、塑料包装物、一次性塑料餐盒和餐具、牙刷、杯子、矿泉水瓶、牙膏皮等。玻璃：主要包括各种玻璃瓶、碎玻璃片、镜子、灯泡、暖瓶等。金属：主要包括易拉罐、罐头盒等。布料：主要包括废弃衣服、桌布、洗脸巾、书包、鞋等。

厨余垃圾。包括剩菜剩饭、骨头、菜根菜叶、果皮等食品类废物，农村一般用来喂养牲畜。

不可回收垃圾。有害垃圾，包括废电池、废日光灯管、废水银温度计、过期药品等，这些垃圾需要特殊安全处理；包括除上述几类垃圾之外的砖瓦陶瓷、渣土、卫生间废纸、女士纸巾等难以回收的废弃物，通常根据垃圾特性采取焚烧或者填埋的方式处理。

（7）农村资源分类建议

干垃圾（含可回收、不可回收和有害类）：包括废纸、塑料、玻璃、金属、酒瓶、布料砖瓦、陶瓷、渣土、废电池、废日光灯管、油漆桶、过期药品等，需要进行分拣。湿垃圾（厨余垃圾）：包括剩菜剩饭、骨头、菜根菜叶、果皮等食品类废物。

干垃圾中的可回收垃圾：卖掉，其他配合县镇集中处理。厨余垃圾：统一收集好后卖给周边养猪场。卫生间废纸、女士卫生巾等通常予以填埋或焚烧。

（8）结合资源分类开展活动

结合垃圾分类知识，组织村内广播、学生演出和文娱活动；组织资源分类评比活动，建立奖惩制度，奖励先进，带动后进；把资源分类相关制度融入村规民约；在学校教学中纳入资源分类的内容，组织妇女和乡村干部进行垃圾分类宣传和环境整治活动。

六、乡村规划

1. 总体思路

利用郧县本土传统文化构建当地的乡村整体建设，用最少的资金和本土的优势形成建设的亮点，利于配合旅游服务和形象打造。项目规划突出旧房改造和环境治理，同时配合景观恢复模块，做好各个节点的乡村特色设计。乡村规划因为涉及太多落地时遇到的不确定因素，所以规划具有边实施边确认的特点，不会在项目实施初期就形成完善确认的方案，因此在落地过程中需要持续跟进的专家指导与协作。

2. 实施内容

项目整体实施过程中，会根据规划的进度，按照以下子项目进行详细方案的完成与实施：

形成村庄概念性规划方案，将村庄的整体文化和现有资源优势结合，形成利于长期发展的产业配合优势；

选取部分需要新建的农房，分阶段完成每户新房的建筑设计方案，为农民打造量身定做式的乡村建筑，既要符合乡村传统住宅美感，同时具备现代化的舒适与方便，将农民自己的生活需求和农家乐旅游接待的需求进行完美融合（图2-8）。

图2-8　建设中的樱桃沟村（李军　摄影）

针对现有的比较有特色的老房子，与景观恢复项目组结合，按照年代主题分组，同时分阶段实施完成旧房改造设计方案，实现分户量身定做的模式，实现外立面古朴、内装修豪华的结合，防止农村建设的同质化，防止外来建筑文化对本土文化的侵袭。实现传统村庄建筑自然、协调的美感修复，同时结合植被与花草的借景，创造旧房本身的观赏价值，实现乡村旅游的亮点打造（图2-9、图2-10）。

牛棚改造的50院（简白　摄影）　　　　　　改造说明

修复后五零山居中的民俗装饰（孟丽君　摄影）

图2-9　50院

图注：十堰郧县樱桃沟五零山居，建筑主体是由一幢20世纪50年代老土坯房改造而成，充分保留原始构造与周边自然生态结合，是一幢极具有历史价值和文化内涵的生态建筑，是樱桃沟村重点旅游景点之一。该项目致力于提供一种无拘无束的生活方式，让尊贵的客人远离都市的喧嚣，体验大自然的和谐魅力，享受那份属于自己的优雅与宁静。

这里的空气弥漫着植物的芬芳……这是我们怀念着的乡土的气息，又有让人安静的禅意。设计师说："这里已经很美了，我们要做的，只是尽量保持它原来的样子"。

村居以夯土墙和木头为承重结构、泥墙灰瓦，是当地民居的代表。两层坡顶的建筑，黄泥、秸秆夯筑的土墙，上覆层层棕片；石砌房基墙的外层，扦插花木作篱。偶有一支斜生于小木窗前，在深褐色的格子窗棱背景下，相映成趣。餐厅与茶馆对外开放，非住店客人亦可前往五零山居体验优雅氛围。客房的装饰都利用地方特色的素材，反映了周边自然环境和地方传统文化元素。家具几乎都是木头的，檀木色泽，彰显着五零山居特有的质感。

图 2-10 改造后的 70 院（薛振冰 摄影）

结合美食项目组，对重点农家乐实施改造，结合各种作坊和游客接待商业需求，量身定做农家乐的房屋设计。

对村庄的河道进行改造与整体设计，并适当利用野生芦苇和本土草木实现河道治理的野化。该部分工作会与环境治理项目组一起，将河道不仅定位为水利设施，同时融合村民生活取水、洗衣，游客下河戏水等功能，充分体现田园气息，创造乡村旅游的田园体验条件。

除了以上大型建筑与设施以外，加强节点小品景观也需要整体设计，突出田野气氛和艺术气息（图 2-11）。

重新设计村入口的标志碑牌。

要按照"孙氏"水卫系统设计方案，对村庄下水排污净化进行整体的设计与建设，使得村庄不会因为旅游接待量的增大形成污染。

村委会东侧是新建的樱花大道，此道路不应穿村而过，应在水塘东侧停止，其樱花大道尽端应改造成为停车场，用以满足游客集中停车的需要，此停车场的设计会极大缓解村庄内部机动车通行的压力。停车场的设计以及从停车场进入山村的步行景观小路应精心构思、巧妙缓冲、依山就势，使人们的心情通过此方式的设计变得放松。

处处返璞归真（薛振冰　摄影）

简单又艺术的修复（薛振冰　摄影）

图 2-11　景观小品

七、樱桃沟村房子

　　樱桃沟村，郧阳府，汉文化之源。这些元素一直在左右我的创作，其中南水北调大面积淹没与拆迁的现场，在一点一点影响着我对樱桃沟村的整体规划与建筑设计。那时，我坚信 2014 年 10 月南水北调丹江口水库蓄水到 272 米的时候，郧县将从郧阳府遗址渐渐回到它本来的辉煌（事实证明是对的）。未来的郧县，又会重新展现它的价值，关键就是郧县能否认识到文化与品质的价值所在，又如何去体现她的价值，上承历史，下继今日，这是很难的一件事。

2012 年年初我接受郧县政府的邀请，只做其中小小的一个村——樱桃沟村，项目虽小，县委县政府却非常给力，这是我很幸运的事。尤其是已调离的县委邵副书记，陈茹副县长，还有很有激情的王成主任，让这个小项目具有了大影响。

这个项目的牵线人是湖北省发展战略规划办的徐新桥博士，他被美女副县长陈茹盯得扛不下去了，就介绍我们认识，这样才有了"郧阳樱桃沟村"项目。

每一个项目名称不要有太多的含义，把握几个原则就可以了。一是好听，随口有美感。二是对项目本身有一个基本印象，可以延伸想象力。三是对项目要有基本方位感，大约知道在哪里，起码要在网上能查到。四是这个名字本地人也要看懂听懂并认可，这就是我对名字的基本要求。

樱桃沟村以樱桃起家，每年 3 月中旬樱桃沟村都吸引数万人来村里，看花、拍照，二三十家农家乐顺势而生。樱花落了，生意也就结束了。

我接这个项目，是因为这个村被湖北省定位为"绿色幸福村"，我也随之跟从。

目前，湖北省绿色幸福村有五山堰河村、广水桃源村、郧县樱桃沟村、钟祥水没坪村、南漳漫云村。这批村中，樱桃沟项目推进力量最大，村中的房子设计也快。

1. 当代人的历史

樱桃沟村农房像栽在果林中一样，根据自己家的田地，东建一个西建一个，房子大多数是 20 世纪 50 年代和 21 世纪初的旧房，这批房子大都又是土坯、红砖、水沙石房子，在我看来就是在需要保护的范围之内。明清建筑需要保护，我们自己生活时代的建筑也需要保护，这是一代又一代人的文化责任。我喜欢的房子，政府往往不喜欢，就拆掉那里。村民更不喜欢，结果偷偷把很好看的房子，很完整的土坯房给拆了，大量 20 世纪 70~90 年代很有时代性的建筑成片地被拆掉。

今天的村落保护中有两个词组需要说明白。一是传统村落，是指普通乡村，是以务农为主体的乡村，建筑是近百年的建筑，含欧式建筑、现代火柴盒式建筑和瓷砖房。二是古村落,是指拥有明清建筑,甚至更早一些的(庙宇)。樱桃沟村属于传统村落(图2-12)。

图2-12 樱桃沟村村标(泡鱼儿 摄影)

樱桃沟村距十堰与郧县各15千米,又紧贴着工业园区,今天是村庄,明天可能就会是城市公园,或为工业让路。我在设计这个村的时候,心里是朝未来现代化下的田园社会来定位的。未来中国,一定会走向以农助城、以城养农的社会,城乡之间不再有区分。很多人不明白,城中村是未来城市中的核心文化。樱桃沟村就属于未来的城中村。这里是城市,享受到城市功能;是乡村,有农民、有田、有村委会。城中之乡(在郧县与十堰之间),这对一个未来城市来说是极为幸运的,加上2013年之后郧县因丹江口水库会变成一座水城,无疑郧县会成为中国最具潜力的田园城市。这些已知条件渐渐让我找到了房子设计的定位,以及村庄对未来的需求。

2. 文化的细胞

每设计一处建筑对我来说都是一种乐趣,苦于此也乐于此。这个过程中最大的收获就是对历史、民俗、文化有深度的调研。比如说在樱桃沟村,我就遇到村民找我说,大树不能对着我家门。我问为什么?村民说"树"音同"输",不吉利。另外一点是,大树是有灵性的,是神,神不能对着门,就像庙不对门一样的道理。

我点点头。之前我在樱桃沟同时移了两棵大树，一棵活了，另一棵对着人家门的死了。

我就开始总结乡村门向的民俗，中原文化中（包括南方），对门的要求更多。门不对树（大树），门不对桑（桑树，"丧"同音），门不对柳（阴树，清明节），门不对槐（槐树，鬼树），门不对柏树（阴树，寺庙专用），门不对路（直路、角路），门不对角（别人家房子），门不对桥，门不对门（别人家的门），门不对坟，门不对庙（寺），门不对山（头），门不对沟（山沟），门不朝北，门不对厕，门不高屋，门不低窗等。一个门就有如此多的讲究，这就是在乡村的现实中才能体会到的民俗文化，弄懂这些在以后的规划中让我少走了很多弯路。

3. 乡村风水

能风调雨顺就是风水。我个人理解就是一种心理因素，也是顺从自然生态的一种法则，只是农民没有把这种知识进行理论与归类。今天韩国、中国台湾和中国香港的一些大学里就开设了生态风水课程，而这些知识就是源于乡村风水。我理解的风与水，是居住者要能临风，要能凭水，利用水生活和生产。

种田不能没有水，春天不能没有风，居住一定要坐北朝南，这是最大限度利用日照，是节能降耗的原始方法。随着高度工业文明的推进，我们渐渐发现这种文明中有很多恶性循环：工业文明的高度发展导致生态问题越来越严重，最后还是要用最原始的传统农业来解决今天工业文明留下的问题，这使我开始怀疑今天人类的科学与文明的真实性。做乡村规划，我从不认同风水到理解风水，最后到利用风水，这个过程约走了 10 年，尤其在樱桃沟村、郝堂村以及后来的五山项目中体会更深。乡村风水主要体现在对自然的尊重。一种文化如果有助于生态平衡，有助于人的精神积极向上，不危害社会，这种文化就会随着历史慢慢延续下去。在我的乡村规划中，我是非常尊重风水先生的。为了能让我的项目落地，我也学着风水先生手拿罗盘在村里转悠，故意让村民看到，他们背后就会说"这是从北京来的大风水先生，拿着罗盘在村里看风水找鬼呐"，之后再在村里说话就好使了。

因为尊重了乡规民约，项目渐渐变得更有序，风水求的就是风调雨顺和五谷丰登，这就是农民最喜欢的结果，也是我想要的结果。

4. 营造乡村

中国人不说"规划",说"营造"。"规划"二字过硬,有以人为本之意,而"营造"二字有融入与遵循之意,这一点在乡村文化中显得格外生动,所谓天人合一,敬天敬地在乡村生活之中表现得很是到位。乡村"营造"有自然生长之感,很准确。

樱桃沟村规划难做,因为这是一个已大致成型的村落,这个村又有一些人做生意,他们不再是纯粹的农民,也不是纯正的市民,这些人的工作最不好做。项目要比郝堂村难多了。这样的状况我曾经在襄阳牛首镇熊营村八二组经历过,项目失败了,失败是因为不了解乡村,没把村长当干部使,结果吃了人亏,与今天很多规划设计院一样,只做规划不能落地,因为不懂乡村文化!

樱桃沟村项目要落地,房子要建设,更加重要的是要从社会学与民俗学介入,用文化去引导规划,用道德去控制建筑,用生态去推动生产,用环境去养育村民。这样的标准国内做得好的太少了。很多地方是把规划与景观分离,环保与发展分离,文化与经济分离,政府与项目分离,乡村与城市分离,造成今天不少乡村建设不城不乡的现象。樱桃沟村规划急不得,慢不得,钱多不好,没有钱又不行。这其中的难与苦我只能放在心里,我不愿说,我只说有希望,只能找方法,我一直强调希望才是解决问题的真理。这个项目我估计要做三年,一年苗、两年树、三年林。

5. 乡村修复

樱桃沟村的农房展现出一个普通农村发展的过程,兼容了近一百年的发展,从土坯房到"金包银"、红砖房、水沙石房、欧式房、瓷砖房等五花八门。房子设计根据农民分散居住现状和生活生产需求,设计了从 75~260 平方米五种式样,从平房到二层小楼,以民居为主,有一些兼作农家乐和客栈。每一栋房子我都会与农户深入沟通,与村委会交流,从村庄整体性角度考虑农户住房(新房、旧房)在一个整体村落中的关系。这种关系是一种不破坏建筑年代的连续性,又要建造出属于 2013 年的建筑风格。

这次设计的房子是以 60% 基础为灰色免烧砖,既防飘雨又防湿;40% 上部为泥土色,保持全村统一风格。所有房子做框架结构,做防水沟,前后屋檐 600毫米。

房子设计时加强了内阳台、外阳台、门前亭廊功能，提高了居住舒适感，如果做旅游更适合客人需求。

房子设计时全部保持建筑材料本身的自然色彩，这样房子的颜色会随着年代推移越来越好看。目前颜色比率是 60% 为灰色（砖本身色彩），30% 为泥土色，10% 为白色，与山中色彩形成灵动的乡土关系，再配上四周的绿色植被，这个房子会非常自然地融入大自然之中（图 2-13）。

图 2-13　樱桃沟村房子颜色比例（薛振冰　摄影）

6.劳绩感的价值

这五套房子明显有混搭建筑的风格，在简约中有乡土感，在质朴中有现代感，有自己明显的特点，在城市与乡村之间。设计时考虑了施工难度的因素，让一般施工队都能接纳，所以在设计时减少了不少异形砖与难度大的技术。这种想法先在樱桃沟村做尝试，约在 8 月中旬，五组（50 年代农家院）与六组（60 年代农家院）的两个兄弟先建了房子，期间我一直在帮助他们调整房子的颜色。这种调试（他们自己的想法）还要先征得我同意，我会尽量表扬他们的做法，在表扬的同时给一点点建议，这一招很管用（图 2-14）。

图 2-14　用涂料调整外观的视觉效果（薛振冰　摄影）

　　用外墙涂料来调整视角的美感，主要是考虑农民经济承受能力，还有一点就是农民一般不会用泥土墙，所以我只能用涂料来代替泥土的质朴感。这会随着年代不同调出自己喜欢的色彩与纹样，依然保持农民现在喜欢的住房形式。另外在设计与施工中，我还留出 10%~30% 给村干部与农民调整的余地，毕竟是他们建房子，是他们住，他们应该有话语权。设计时只要不是特别信任我的，一般我的要求不会特别高。一座好的房子，一定要有农民自己的意见，这非常重要，只要有他的想法，他们就很有成就感，就会很爱惜，就像孩子是自己生的一样，有一种传统的劳绩感。如果是公共建筑，是村委会的，是政府投入的建筑，我会要求特别严。这两种关系一般人不易把握，然而我是可以轻松区分的。樱桃沟村的房子总体上是厚重的，乡土与现代并存，并融入了一丝荆楚之风，也是我设计中语言相对明确的作品。

　　建筑作品，是三分设计七分做，这七分太重要，这就要看看设计师的运气，我的作品在樱桃沟村就有好运！

八、郧阳新街

郧阳新街共 2 套建筑，这批建筑是我前后 7 年时间创作的建筑作品（含一座改良北方传统经典四合院）。这些建筑元素基本围绕着楚汉文化，始终没有离开汉江。

从 2003 年，汉江南水北调到 2013 年郧县"郧阳新街"，10 年间我为农民设计了很多房子，可惜大多数房子没有落地，这些设计的房子一直在我眼前恍惚，于是为这批楚汉建筑找到安身之处就成了我的心结。

幸运的是郧县县委县政府，看到这批建筑的价值所在，特别把这 26 栋建筑落户樱桃沟村，并拨出专款来建筑"郧阳新街"（图 2-15）。

图 2-15　樱桃沟村郧阳新街规划效果图

1. 建筑之缘

世上很多事讲缘分，该谁的谁也抢不了，不该谁的要也没有这个缘，佛源道宗七年的精品建筑就是专门为郧县准备的，前世也感觉樱桃沟村在恭候这 26 套房有多时了。

2. 郝堂茶人家

郝堂项目现在已在全国非常有影响了，我在郝堂项目中设计了一个"茶文化体验区"，在传统村落中若即若离地建一个游客的接待与体验茶文化的建筑群。这批建筑完全取自豫南民居与楚文化元素，是我创造的一批属于后现代传统民居的建筑。

这批建筑花费了我近一年时间，带领着我的两个学生，加上成都、江南大学、东南大学的人等，终于完成"郝堂茶体验区"建筑群。

"郝堂茶人家"在最初规划时分为三个区域，第一个区域是传统村落的修复与建设，现在看到就是已完成的一部分工作，这部分为大众消费与传统区域。第二个区域是邻村佛山村与郝堂融为一体，是以茶文化为主题，以信阳毛尖为祭祠的区域，同时也是对茶文化的研究制作、历史、品牌、体验为一体的中高档的文化区。目前已完成信阳茶坛、茶圣殿、生态茶酒吧及信阳原种茶 10 号茶园等工作。第三个区域就是"郝堂茶体验区"，我一再强调"郝堂茶人家"做的是茶、品的是茶、消费的是茶，要在修复郝堂村的同时，建设另一个适应于当代人喜欢的新郝堂，前提是不能破坏老村。非常可惜，第三部分建筑最终"流产"，这批建筑 40% 全部移植到郧县，今天想想，似乎就是为郧县准备的，因为楚国的国都就淹没在辽阔的丹江口水库，这批以楚文化为主体的建筑梦回故里，可能也是前缘。

3. 九重陶岔村

南水北调取水口设在淅川县九重镇陶岔村。陶岔成了全世界的焦点，备受瞩目，我有幸接受了陶岔村的规划与建筑设计，因为关注，所以投入很大。

陶岔村的规划与设计，根据县委县政府的要求，规划要体现淅川文化建筑对楚国风韵的传承，文化上还要反映移民情节。

这批建筑，我是组织了三番设计师，从调研、文化、民居到博物馆，最终设计了一个系统为每平方米 950、1500、1800 元的三个建筑群，每平方米 950 元是普通移民房子，每平方米 1500 元是沿村街道，每平方米 1800 元是四周会所与度假客栈等。

这批建筑设计灵感源于楚国青铜器，设计的建筑稳重精致，特别好地运用了青铜器皿中的鹭鸶纹样，我把鹭鸶纹样先扫描再在计算机上进行变异，经多次提炼，最后形成适应于建筑元素的纹样。

应该说这批建筑把免烧砖的元素运用到了极致。可惜这批建筑受施工技术与建筑费用因素的影响，没有落地。可是这批建筑，房地产公司、文化人、政府都很喜欢，包括我自己更是喜欢，这批建筑就这样流到丹江口对岸的郧县，与陶岔村无缘。

4. 等待中

在郧阳新街这 26 套建筑中，最有代表性的是一套三国建筑。这个建筑是在宜昌枝江市问安镇设计的，问安原是刘备两位夫人居住之处，张飞与关云长每半月来向两位嫂嫂问安，所以这里就有了"问安镇与半月镇"。这套建筑是以"桃园三结义"为主题。体现桃园三结义的建筑元素是三个拴马柱和一个半围合建筑中种了一棵桃树。这种建筑的文化感觉是通过视觉感觉的。这个建筑设计了七年，一直没有人能接受，好不容易信阳五里店有一个农民建农家乐，结果改得面目全非，我一直不忍心去看。

一户坡地农民房子是源于五山堰河村，村书记说这户人家是开农家乐的，又要开设客栈（农家乐），这一时期我发现城市里的游客一般不愿与农民同住一起，很不习惯，这也是游客为什么留不下来的原因之一。于是我就开始考虑未来为这些农户设计房子时，设计成一个庄园、两户入口，这既能解决农民居住，又考虑到游客的方便。通过两个多月的设计与反复调整，最后完成设计。我把图纸交给闵书记，闵书记交给农户，最后建出来的房子我自己都不认识，闵书记竟然说是按图纸建的，我一听就晕倒三次。于是这个新型的农民建筑移植到郧县，也是因为这个建筑打开了未来以经营为主题的农民建筑。

敬仰历史，我先启动的是中国北方标准四合院，这是我对中国传统建筑的敬仰，也是我完全模仿的一种态度，此建筑是以临摹加局部微调，可是精髓丝毫未改，在如此之经典的艺术面前，我们所有的建筑不叫创新，只叫继承。

5. 把艺术还给农民

郧县好运，与郧县有缘，我的这批创作作品，并且是精品中的精品，无一遗漏的留给了郧县的樱桃沟村，正因为这样，近一年中为了这批建筑的大环境，我与合作同伴又开始了对村庄 20 世纪 50 年代、70 年代、80 年代、90 年代和 21 世纪的农民旧房进行系统改造。每时期的建筑在修复时更具有历史的特色，当然更多地考虑农民的实用性与功能性，这些改造我是以主体雕塑的视觉进行设计，以致当地村民也开始深受感染，他们的房子因为我两个月去一次，他们就等两个月，因为我的图纸出不来，村民们就静静地在等待。每一个房子在建筑时，严格施工质量。有一户叫周殿举，房子刚刚建完，他觉得艺术性不够，又花十万元重新设计。

在樱桃沟村，我开始有更自由的设计与建筑的空间，郑世宏、李开良、张志虎等一批民间施工队集聚这里。这里不仅有下里巴人，也还有阳春白雪。中国亚太协会副秘书长梁军一直从事室内设计，主要是以四星级、五星级酒店与度假村设计为主，重点做卫生间与家具深化。

我把一个村里养牛的牛棚改造成乡村五星级客栈，设计装修每平方米达5000元，光一个土房（450平方米）改造费就达160万元，这个建筑改造难度极大，之所以改造是因为以前没有达到过这个高度的建筑，没有历史的过程。

"郧阳新街"为了建得有历史感，从苏州拆迁的古街上买回了大批300年到400年前的古石条，这些具有历史文物价值的古石条的价格我万万没有想到，从苏州运到郧县连运费都比本地新的石材还便宜，可见人们真的没有意识到历史与文化的价值。

襄阳有一条中山前街被强拆，大量砖雕、木梁绝无仅有，政府还是拆掉了。我听说后马上找人大量购买，很悲哀，我保护不了，只能请周明华大量购买，把这些古建移建到襄阳的长寿，再建一条九街十八巷，同时派郑世宏到襄阳大量购古砖用于"郧阳新街"。

"郧阳新街"，我定位就是新，是以新的视角、新的工艺、新的空间，新诠释今天的建筑语言，这里不仅仅是建筑，而是我个人对当建筑师的反省与文化的重释。"郧阳新街"是一个跨时空的建筑群，传统、现代、后现代融为一体。建筑在我看来可以反映一个建筑师的文化与修养，建筑反馈了一个建筑师对艺术审美与生活的态度，就如同我们看到一幅作品，就能感觉到作者的文化与人生和生活的境界一样。这种感受只有在同一个层面的人才能品味这种艺术的滋味，并能体味到这种文化是源于乡村的。今天我们又融入了城市文明，现代科技在赋予乡村更多发展的可能性，纵使文明千变万化，我们依然能看到这种文化的脉象，感觉到这种艺术的纯粹性与纯真性。

"郧阳新街"不仅仅是我的创作，也吸取了朋友的建筑语言，比如韩国设计师崔德基、成都云丽设计公司、亚太设计协会梁军，乡建院王磊，上海宋微建老师，还有建筑师们的创新与技术，再有郧县政府给予的包容性，才会有"郧阳新街"落地的可行性。

说风水，应该说"郧阳新街"的风水最好。此时的我具有了极好的机缘，有心想事成的境界，真是好运啊！我有一句经典语录"人只要在一个层面上早晚都会见面"。这一切我一直归于我做了绿十字公益事业，缘无了！有舍有得啊！

农民·房子

典型农房设计图集

樱桃沟村

典型农房户型 1 效果图 1

典型农房户型 1 效果图 2

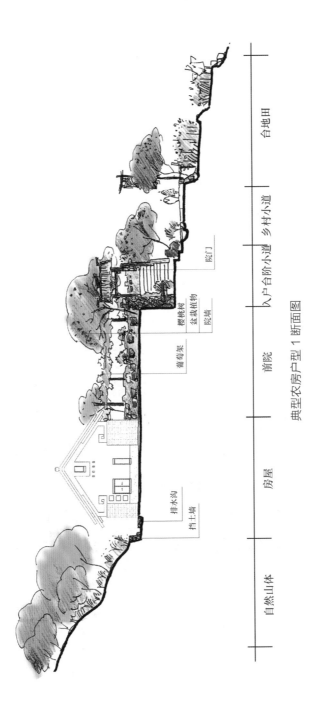

典型农房户型 1 断面图

自然山体　｜　房屋　｜　前院　｜　入户台阶小道　乡村小道　｜　台地田

排水沟
挡土墙

葡萄架

樱桃树
盆栽植物
院墙

院门

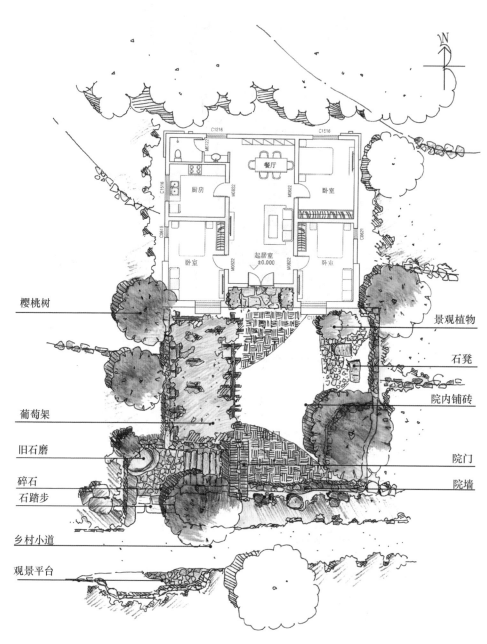

樱桃树

葡萄架

旧石磨

碎石

石踏步

乡村小道

观景平台

景观植物

石凳

院内铺砖

院门

院墙

典型农房户型 1 平面图

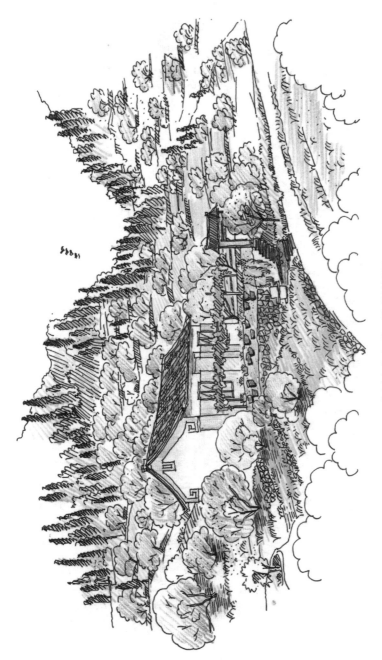

典型农房户型 1 景观效果图

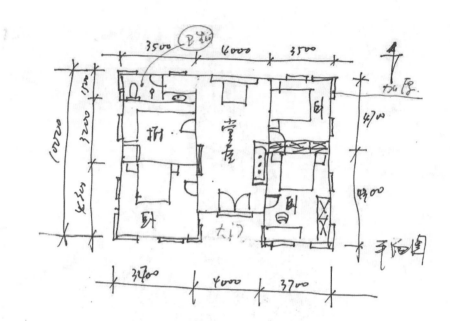

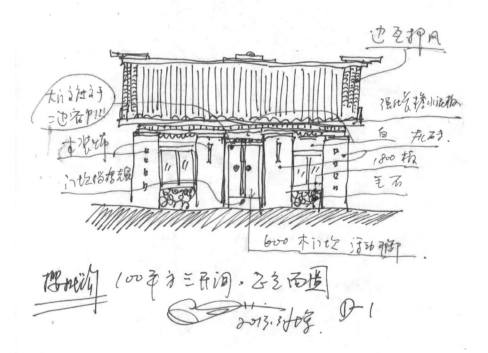

典型农房户型 1 手绘图 1

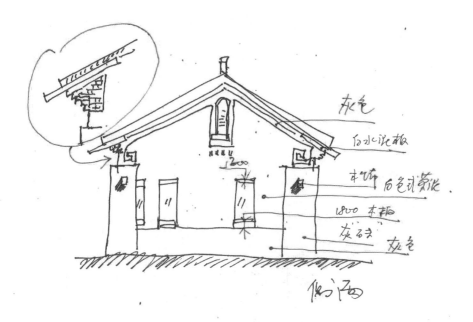

灰色

白水泥板

本师 白色封檐

1800 本板

灰色 灰色

侧立面

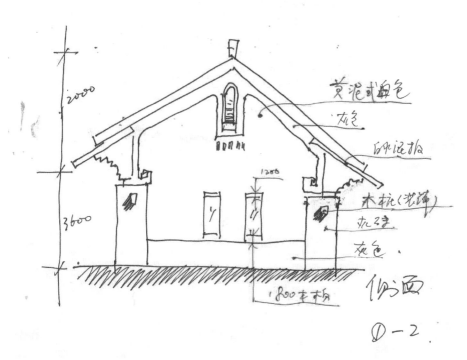

黄泥式粉色

灰色

水泥板

木桩（花漆）

灰色

灰色

1800 本板

侧立面

①-2

典型农房户型 1 手绘图 2

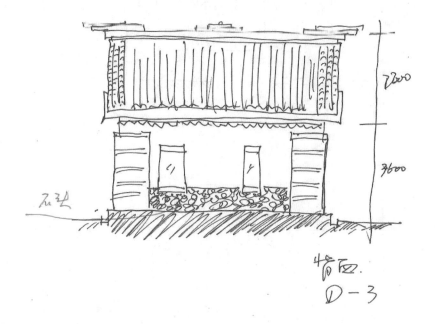

典型农房户型 1 手绘图 3

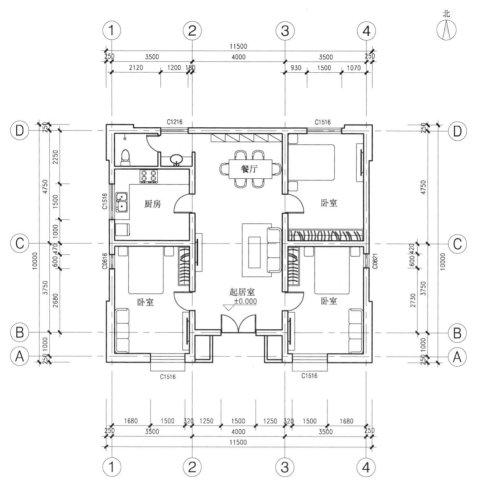

北

首层平面图

总建筑面积:115.00m²

说明:
1.图中未标明墙体为普通实心水泥砖。
2.图中未标明砌体厚240mm,未标明门
 垛为轴线到边240mm。
3.厨房、厕所较相应楼面-0.03m。
4.尺寸单位: m, mm。

0   2   5 (m)

典型农房户型 1 首层平面图

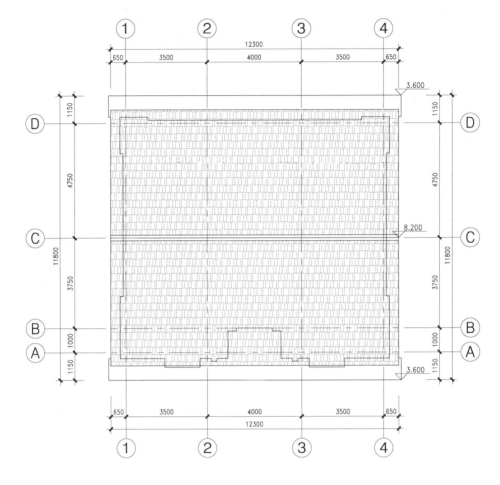

屋顶平面图

说明:
1.图中未标明墙体为普通实心水泥砖。
2.图中未标明砌体厚240mm，未标明门
  垛为轴线到边240mm。
3.厨房、厕所较相应楼面-0.03m。
4.尺寸单位：m，mm。

0   2   5 (m)

典型农房户型 1 屋顶平面图

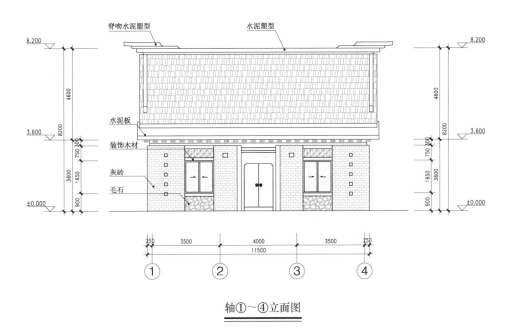

脊吻水泥塑型　水泥塑型

8.200

4600

3.600

8200

750 300

水泥板

装饰木材

3600

1650

灰砖

毛石

900

±0.000

8.200

4600

3.600

8200

750 300

3600

1650

900

±0.000

250　3500　4000　3500　250
11500

① ② ③ ④

轴①～④立面图

说明:
1.图中未标明墙体为普通实心水泥砖。
2.图中未标明砌体厚240mm,未标明门
　垛为轴线到边240mm。
3.厨房、厕所较相应楼面-0.03m。
4.尺寸单位: m, mm。

0　2　5 (m)

典型农房户型 1 轴立面图 1

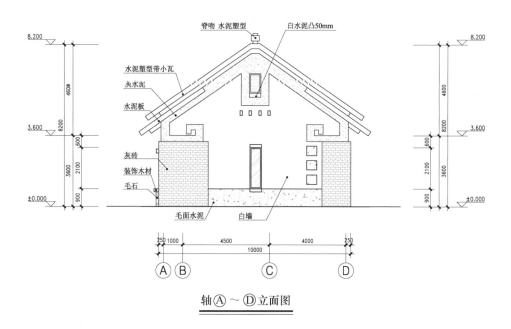

脊吻 水泥塑型　　　白水泥凸50mm

水泥塑型带带小瓦

灰水泥

水泥板

灰砖

装饰木材

毛石

毛面水泥　　　白墙

8.200

4600

8200

3.600

600

2100

3600

900

±0.000

8.200

4600

8200

3.600

600

2100

3600

900

±0.000

250 1000　　　4500　　　4000　　250

10000

Ⓐ Ⓑ　　　　Ⓒ　　　Ⓓ

轴Ⓐ～Ⓓ立面图

说明:
1.图中未标明墙体为普通实心水泥砖。
2.图中未标明砌体厚240mm，未标明门
　垛为轴线到边240mm。
3.厨房、厕所较相应楼面-0.03m。
4.尺寸单位: m，mm。

0　　2　　5（m）

典型农房户型1轴立面图2

典型农房设计图集

樱桃沟村

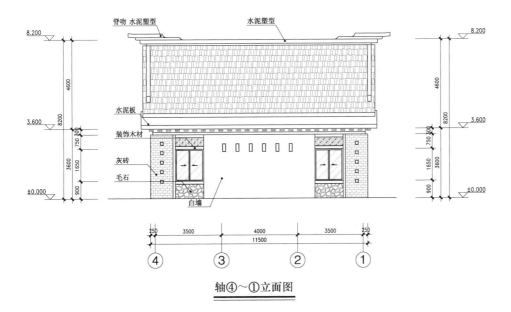

8.200

脊吻 水泥塑型　　　　水泥塑型

4600

8200

3.600

水泥板

装饰木材

750 300

3600

灰砖

1650

毛石

900

±0.000

白墙

8.200

4600

8200

3.600

750 300

1650

3600

900

±0.000

250　3500　　　4000　　　3500　250
11500

④　　③　　②　　①

轴④～①立面图

说明:
1.图中未标明墙体为普通实心水泥砖。
2.图中未标明砌体厚240mm，未标明门
　垛为轴线到边240mm。
3.厨房、厕所较相应楼面-0.03m。
4.尺寸单位：m，mm。

0　　2　　　5 (m)

典型农房户型 1 轴立面图 3

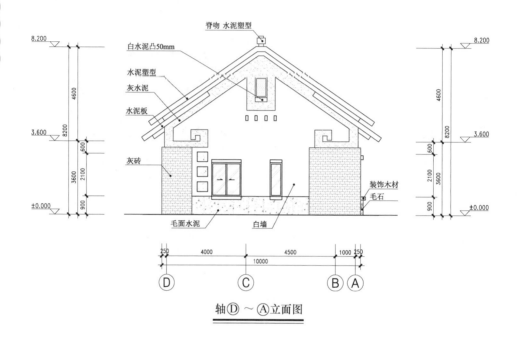

脊吻 水泥塑型
白水泥凸50mm
水泥塑型
灰水泥
水泥板
灰砖
装饰木材
毛石
毛面水泥　　白墙

8.200
4600
8200
3.600
600
3600
2100
900
±0.000

250　4000　4500　1000 250
10000

Ⓓ　　Ⓒ　　ⒷⒶ

轴Ⓓ～Ⓐ立面图

说明:
1.图中未标明墙体为普通实心水泥砖。
2.图中未标明砌体厚240mm,未标明门
垛为轴线到边240mm。
3.厨房、厕所较相应楼面-0.03m。
4.尺寸单位: m, mm。

0　　2　　　5 (m)

典型农房户型 1 轴立面图 4

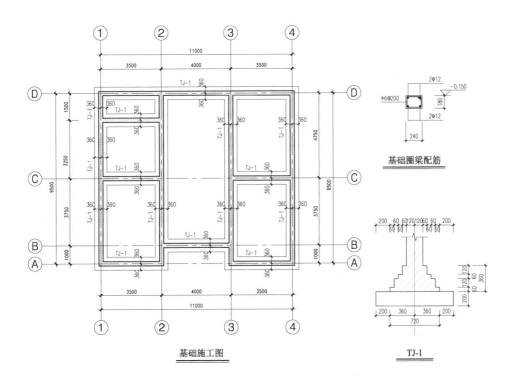

基础圈梁配筋

基础施工图

TJ-1

说明:
1.未标注条形基础均为轴线居中。
2.基础垫层混凝土强度等级为C15。

0   2   5 (m)

典型农房户型 1 基础施工图

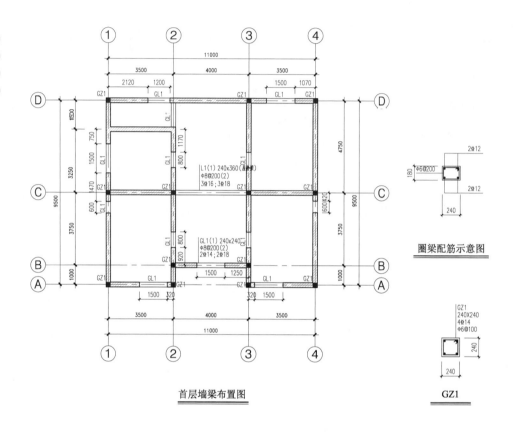

首层墙梁布置图

圈梁配筋示意图

GZ1

说明:
1.未标注梁、墙、构造柱均为轴线居中。
2.未特殊说明楼层标高处均设圈梁,圈梁宽度同墙厚,高度为180mm。
3.圈梁与过梁或梁位置重合时取消圈梁,按过梁或梁施工。

0   2   5 (m)

典型农房户型 1 首层墙梁布置图

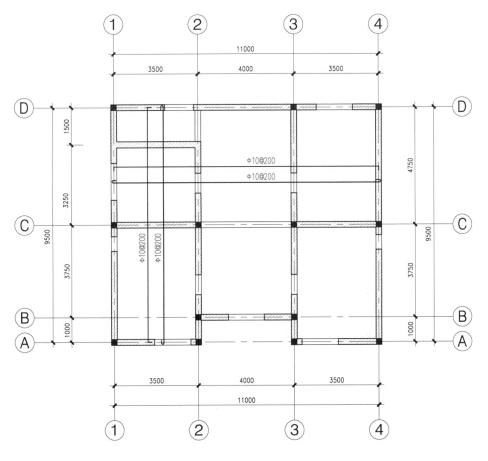

坡屋顶配筋平面

说明:
1.未标注板厚为120mm。
2.楼板混凝土强度等级为C30。

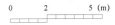

0   2   5 (m)

典型农房户型1坡屋顶配筋平面图

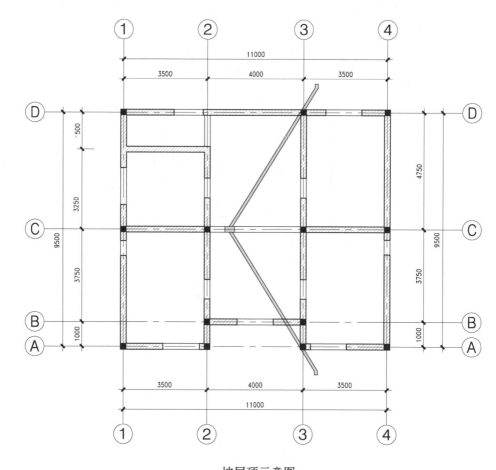

坡屋顶示意图

说明：
1.未标注板厚为120mm。
2.楼板混凝土强度等级为C30。

0   2   5（m）

典型农房户型 1 坡屋顶示意图

典
型
农
房
设
计
图
集
樱
桃
沟
村

48

典型农房户型 2 效果图 1

典型农房户型 2 效果图 2

典型农房设计图集

樱桃沟村

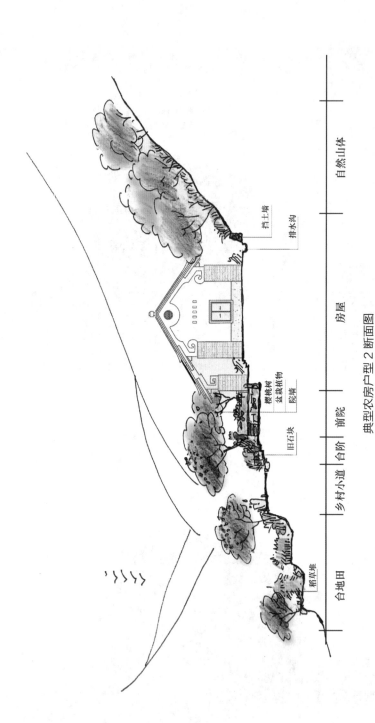

挡土墙

排水沟

樱桃树

盆栽植物

院墙

旧石块

草堆

自然山体　房屋　前院　台阶　乡村小道　合地田

典型农房户型 2 断面图

N

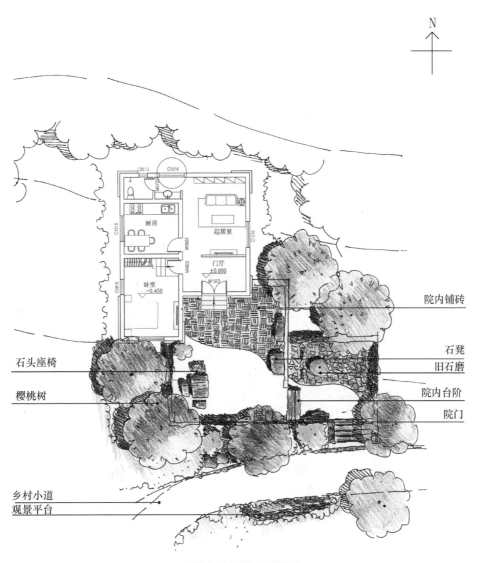

院内铺砖

石凳
旧石磨

院内台阶
院门

石头座椅

樱桃树

乡村小道
观景平台

典型农房户型2平面图

典型农房户型 2 景观效果图

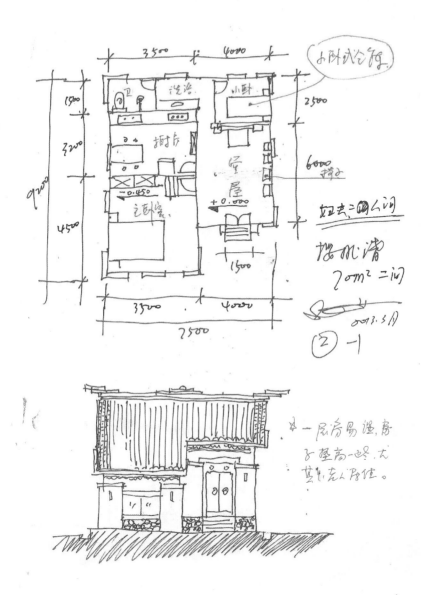

典型农房户型 2 手绘图 1

典型农房户型 2 手绘图 2

典型农房户型 2 手绘图 3

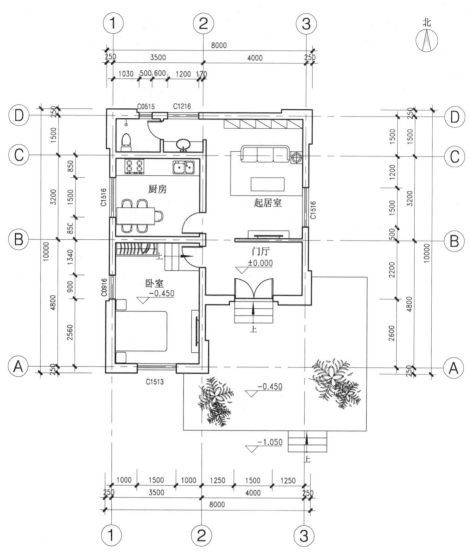

北

首层平面图

总建筑面积:68.09m²

说明:
1.图中未标明墙体为普通实心水泥砖。
2.图中未标明砌体厚240mm,未标明门垛为轴线到边240mm。
3.厨房、厕所较相应楼面-0.03m。
4.尺寸单位: m, mm。

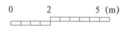

0   2   5 (m)

典型农房户型 2 首层平面图

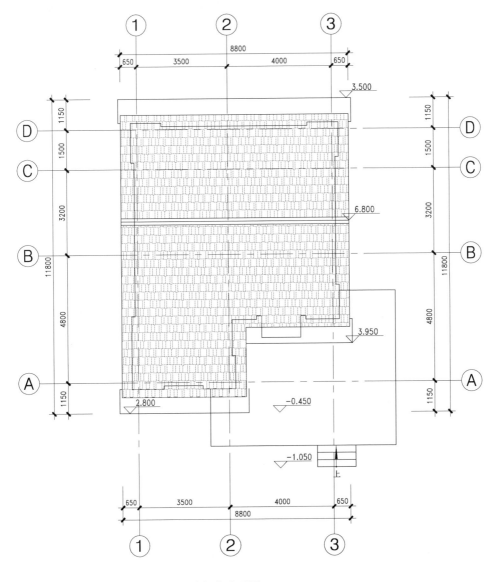

屋顶平面图

说明:
1.图中未标明墙体为普通实心水泥砖。
2.图中未标明砌体厚240mm,未标明门
  垛为轴线到边240mm。
3.厨房、厕所较相应楼面-0.03m。
4.尺寸单位: m,mm。

0   2   5 (m)

典型农房户型 2 屋顶平面图

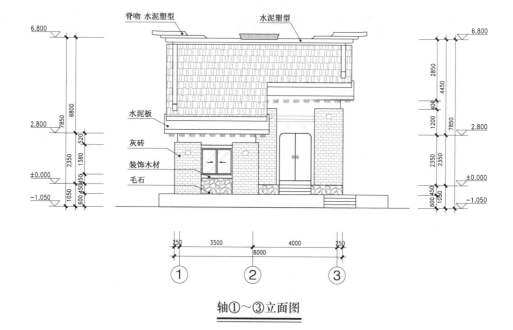

脊吻 水泥塑型

水泥塑型

水泥板

灰砖

装饰木材

毛石

6.800

2.800

±0.000

-1.050

6.800

2.800

±0.000

-1.050

轴①～③立面图

说明:
1.图中未标明墙体为普通实心水泥砖。
2.图中未标明砌体厚240mm,未标明门
 垛为轴线到边240mm。
3.厨房、厕所较相应楼面-0.03m。
4.尺寸单位: m, mm。

0   2   5 (m)

典型农房户型 2 轴立面图 1

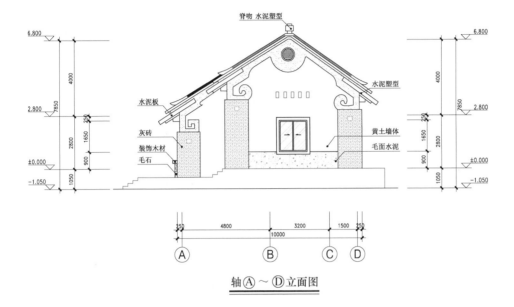

脊吻 水泥塑型

水泥塑型

水泥板

灰砖

装饰木材

毛石

黄土墙体

毛面水泥

6.800

4000

2.800

7850

250

2800

1650

900

±0.000

1050

-1.050

6.800

4000

2.800

7850

250

2800

1650

900

±0.000

1050

-1.050

250 4800 3200 1500 250

10000

(A)   (B) (C) (D)

轴Ⓐ ~ Ⓓ立面图

说明:
1.图中未标明墙体为普通实心水泥砖。
2.图中未标明砌体厚240mm,未标明门
  垛为轴线到边240mm。
3.厨房、厕所较相应楼面-0.03m。
4.尺寸单位: m,mm。

0   2   5 (m)

典型农房户型2轴立面图2

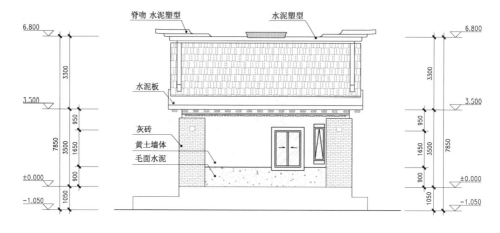

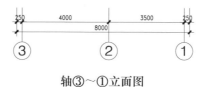

轴③～①立面图

0   2   5 (m)

典型农房户型 2 轴立面图 3

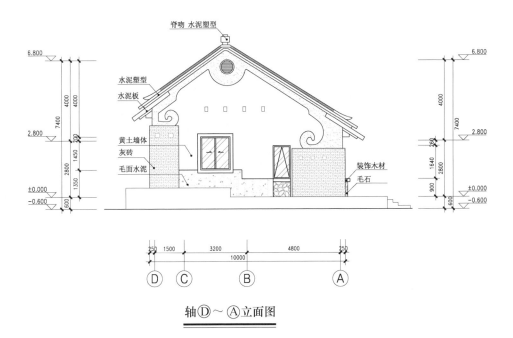

脊吻 水泥塑型

水泥塑型
水泥板

黄土墙体
灰砖
毛面水泥

装饰木材
毛石

6.800
6.800
4000
4000
7400
7400
2.800
200
2.800
260
1450
2800
1640
2800
1350
±0.000
900
±0.000
600
-0.600
600
-0.600

250 1500   3200   4800   250
10000

Ⓓ Ⓒ   Ⓑ   Ⓐ

轴Ⓓ～Ⓐ立面图

说明:
1.图中未标明墙体为普通实心水泥砖。
2.图中未标明砌体厚240mm,未标明门
  垛为轴线到边240mm。
3.厨房、厕所较相应楼面-0.03m。
4.尺寸单位:m,mm。

0   2   5 (m)

典型农房户型 2 轴立面图 4

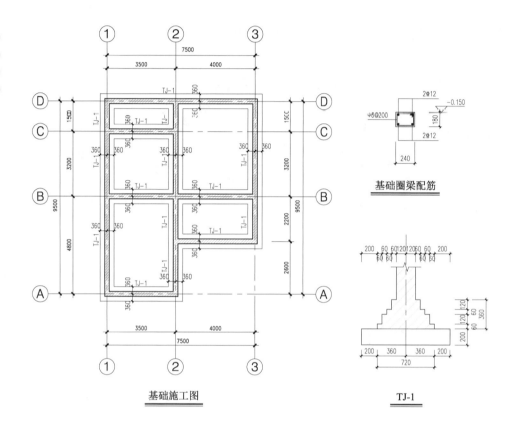

基础圈梁配筋

基础施工图

TJ-1

说明:
1. 未标注条形基础均为轴线居中。
2. 基础垫层混凝土强度等级为C15。

0   2   5 (m)

典型农房户型 2 基础施工图

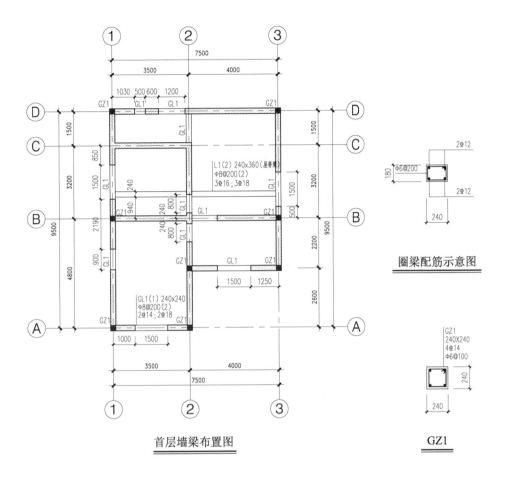

首层墙梁布置图

圈梁配筋示意图

GZ1

说明:
1.未标注梁、墙、构造柱均为轴线居中。
2.未特殊说明楼层标高处均设圈梁,圈梁宽度同墙厚,高度为180mm。
3.圈梁与过梁或梁位置重合时取消圈梁,按过梁或梁施工。

0   2   5 (m)

典型农房户型2首层墙梁布置图

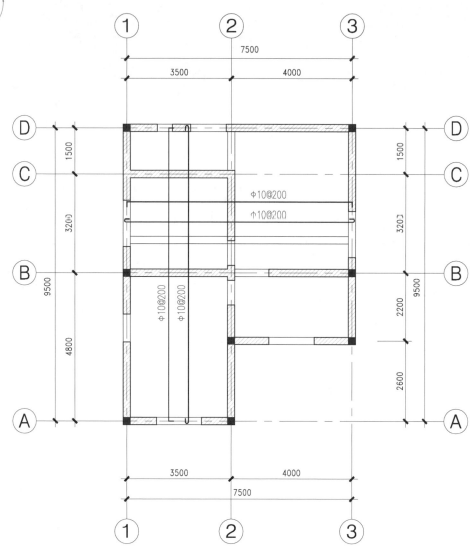

坡屋顶配筋平面

说明:
1.未标注板厚为120mm。
2.楼板混凝土强度等级为C30。

0   2   5 (m)

典型农房户型 2 坡屋顶配筋平面图

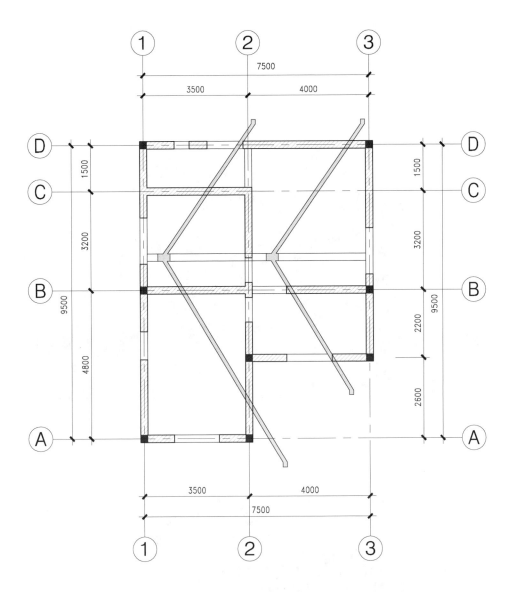

坡屋顶示意图

说明:

1.未标注板厚为120mm。

2.楼板混凝土强度等级为C30。

0   2   5 (m)

典型农房户型 2 坡屋顶示意图

典型农房设计图集

樱桃沟村

典型农房户型 3 效果图 1

典型农房户型 3 效果图 2

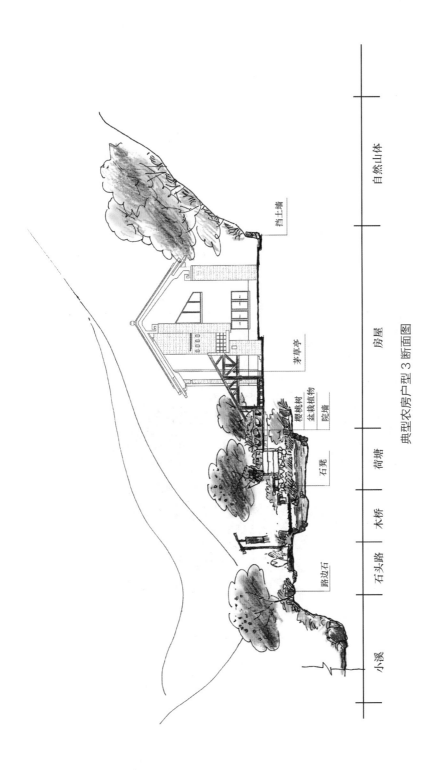

小溪　　路边石　石头路　木桥　　石凳　荷塘　　樱桃树　茅草亭　房屋　　挡土墙　自然山体

盆栽植物
院墙

典型农房户型 3 断面图

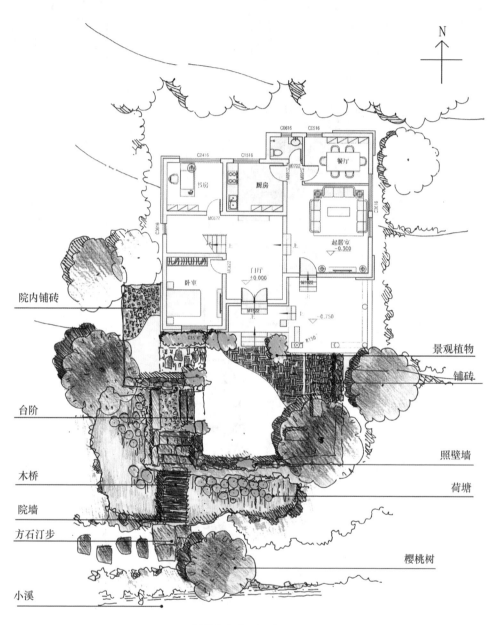

N

院内铺砖

景观植物

铺砖

台阶

照壁墙

木桥

荷塘

院墙

方石汀步

樱桃树

小溪

典型农房户型 3 平面图

典型农房户型 3 景观效果图

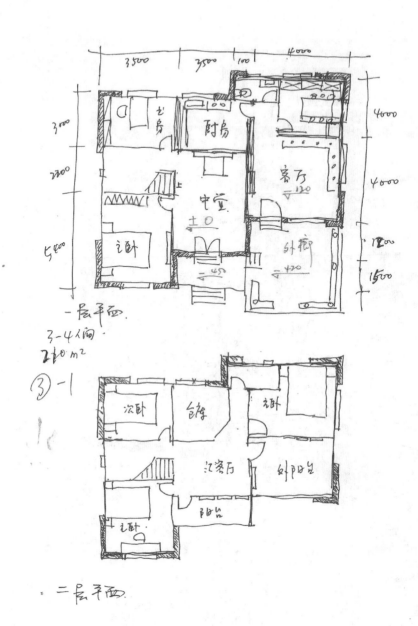

一层平面.
3-4人间.
240㎡

③-1

二层平面.

典型农房户型 3 手绘图 1

典型农房户型 3 手绘图 2

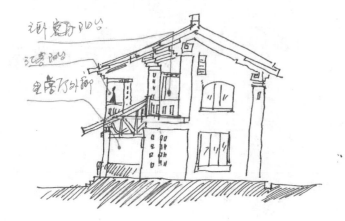

③—3

典型农房户型 3 手绘图 3

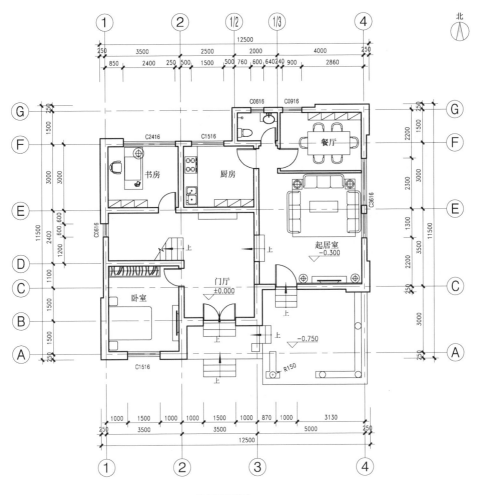

首层平面图

建筑面积:111.27m²
总建筑面积:198.81m²

说明:
1.图中未标明墙体为普通实心水泥砖。
2.图中未标明砌体厚240mm，未标明门
   垛为轴线到边240mm。
3.厨房、厕所较相应楼面-0.03m。
4.尺寸单位: m, mm。

0   2   5 (m)

典型农房户型3首层平面图

73

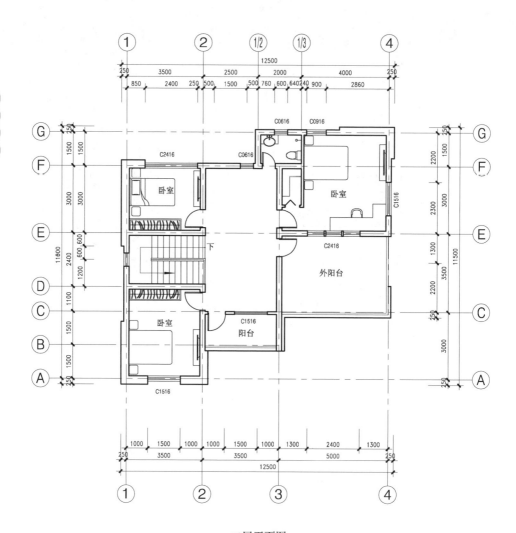

二层平面图

建筑面积:87.54m²

说明:
1.图中未标明墙体为普通实心水泥砖。
2.图中未标明砌体厚240mm,未标明门
垛为轴线到边240mm。
3.厨房、厕所较相应楼面−0.03m。
4.尺寸单位: m, mm。

0   2   5 (m)

典型农房户型3二层平面图

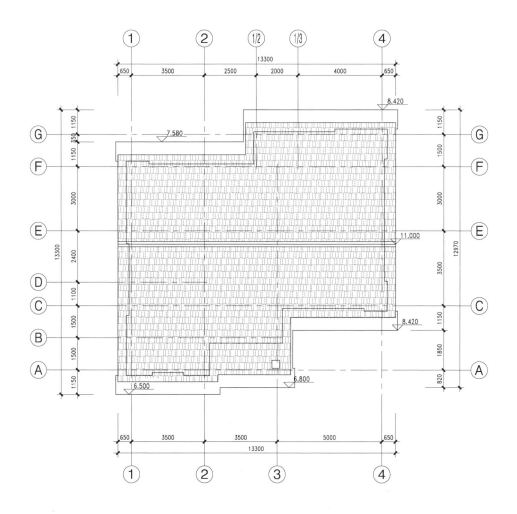

屋顶平面图

说明：
1.图中未标明墙体为普通实心水泥砖。
2.图中未标明砌体厚240mm，未标明门
　垛为轴线到边240mm。
3.厨房、厕所较相应楼面-0.03m。
4.尺寸单位：m，mm。

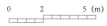

0　　2　　　5 (m)

典型农房户型 3 屋顶平面图

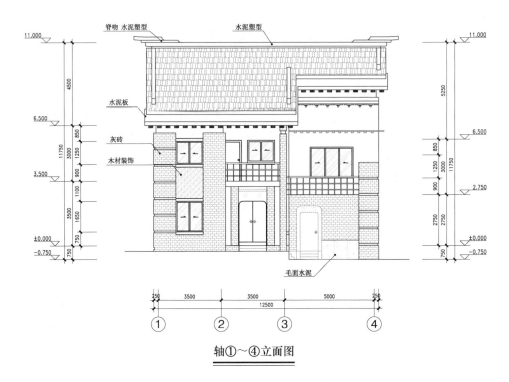

脊吻 水泥塑型　　水泥塑型

水泥板

灰砖

木材装饰

毛面水泥

11.000

4500

6.500

11750

850

3000

1250

3.500

900

3500

1100

1650

±0.000

750

-0.750

750

11.000

5250

6.500

11750

850

1250

3000

2.750

900

2750

2750

±0.000

750

-0.750

250　3500　3500　5000　250

12500

① ② ③ ④

轴①~④立面图

说明:
1.图中未标明墙体为普通实心水泥砖。
2.图中未标明砌体厚240mm，未标明门
　垛为轴线到边240mm。
3.厨房、厕所较相应楼面-0.03m。
4.尺寸单位: m, mm。

0　　2　　　5 (m)

典型农房户型 3 轴立面图 1

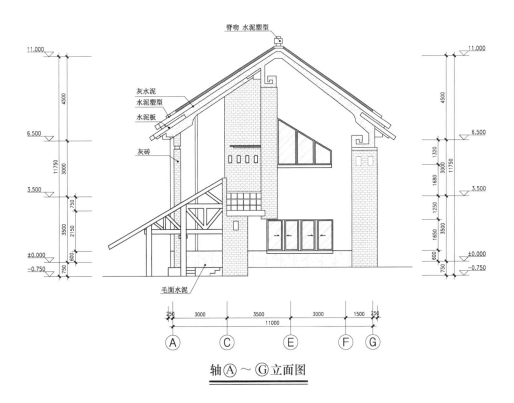

轴Ⓐ～Ⓖ立面图

说明:
1.图中未标明墙体为普通实心水泥砖。
2.图中未标明砌体厚240mm,未标明门
  垛为轴线到边240mm。
3.厨房、厕所较相应楼面-0.03m。
4.尺寸单位: m, mm。

典型农房户型3轴立面图2

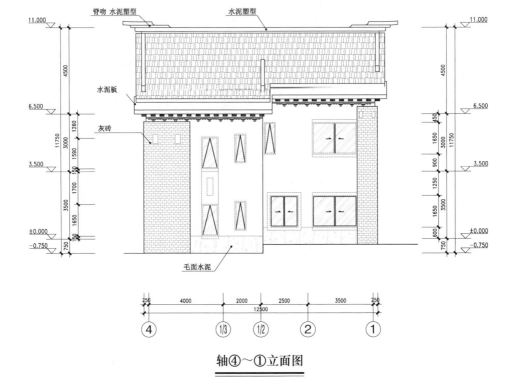

脊吻 水泥塑型　　　　　　　水泥塑型

11.000

4500

水泥板

6.500

灰砖

11750

1260
3000
1590
3500
1700
1650
150
750

3.500

±0.000

-0.750

毛面水泥

11.000

4500

6.500

450
1650
3000
900
1250
1650
600
750
11750

3.500

±0.000

-0.750

250　4000　2000　2500　3500　250
12500

④　⑴/3　⑴/2　②　①

轴④～①立面图

说明:
1.图中未标明墙体为普通实心水泥砖。
2.图中未标明砌体厚240mm, 未标明门
   垛为轴线到边240mm。
3.厨房、厕所较相应楼面-0.03m。
4.尺寸单位: m, mm。

0　2　5 (m)

典型农房户型 3 轴立面图 3

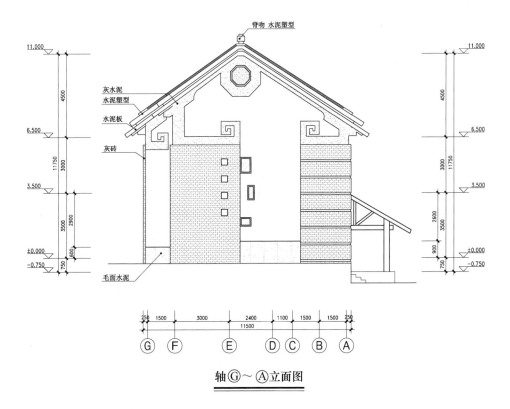

脊吻 水泥塑型

灰水泥
水泥塑型
水泥板

灰砖

毛面水泥

11.000
4500
6.500
11750
3000
3.500
3500
2900
±0.000
600
-0.750
750

11.000
4500
6.500
11750
3000
3.500
2600
3500
±0.000
900
-0.750
750

250 1500 3000 2400 1100 1500 1500 250
11500

Ⓖ Ⓕ Ⓔ Ⓓ Ⓒ Ⓑ Ⓐ

轴Ⓖ～Ⓐ立面图

说明：
1.图中未标明墙体为普通实心水泥砖。
2.图中未标明砌体厚240mm，未标明门
　垛为轴线到边240mm。
3.厨房、厕所较相应楼面-0.03m。
4.尺寸单位：m，mm。

0　　2　　5 (m)

典型农房户型3轴立面图4

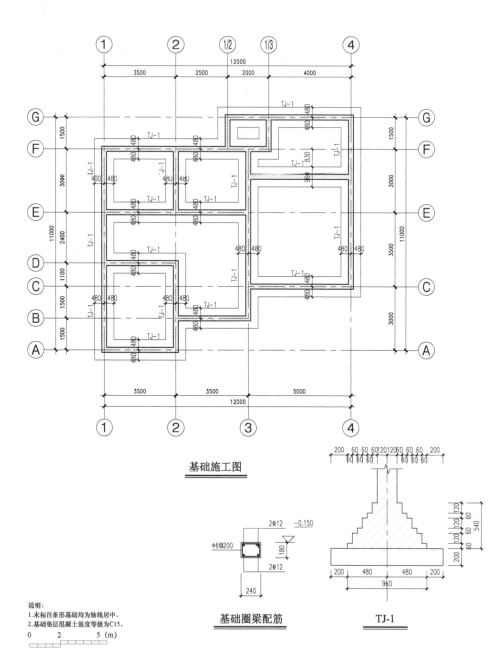

基础施工图

说明:
1.未标注条形基础均为轴线居中。
2.基础垫层混凝土强度等级为C15。

0 2 5 (m)

基础圈梁配筋

TJ-1

典型农房户型 3 基础施工图

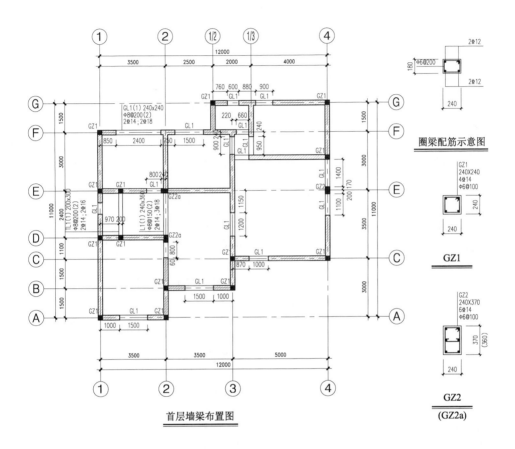

首层墙梁布置图

圈梁配筋示意图

GZ1

GZ2
(GZ2a)

典型农房户型 3 首层墙梁布置图

说明:
1.未标注梁、墙、构造柱均为轴线居中。
2.未特殊说明楼层标高处均设圈梁，圈梁宽度同墙厚，高度为180mm。
3.圈梁与过梁或梁位置重合时取消圈梁，按过梁或梁施工。

0   2   5 (m)

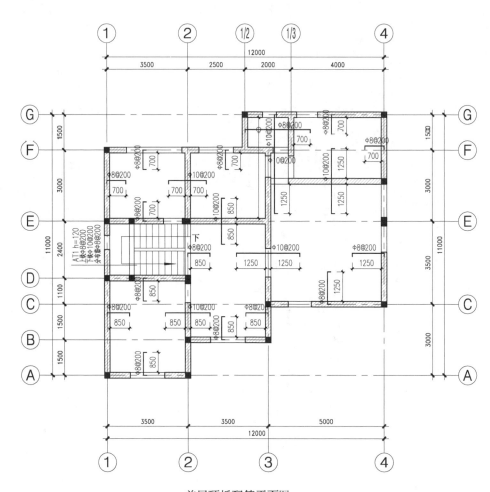

首层顶板配筋平面图

说明：
1.未标注板厚为120mm。
2.楼板混凝土强度等级为C30。
3.楼板未注明的下铁钢筋为φ10@200，
　楼梯平台板钢筋为φ10@200，双层双向。

0　　　2　　　　5（m）

典型农房户型3首层顶板配筋平面图

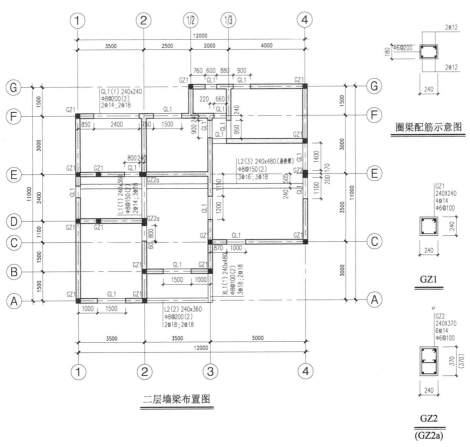

二层墙梁布置图

圈梁配筋示意图

GZ1

GZ2
(GZ2a)

说明:
1.未标注梁、墙、构造柱均为轴线居中。
2.未特殊说明楼层标高处均设圈梁,圈梁宽度同墙厚,高度为180mm。
3.圈梁与过梁或梁位置重合时取消圈梁,按过梁或梁施工。

0　　2　　5 (m)

典型农房户型 3 二层墙梁布置图

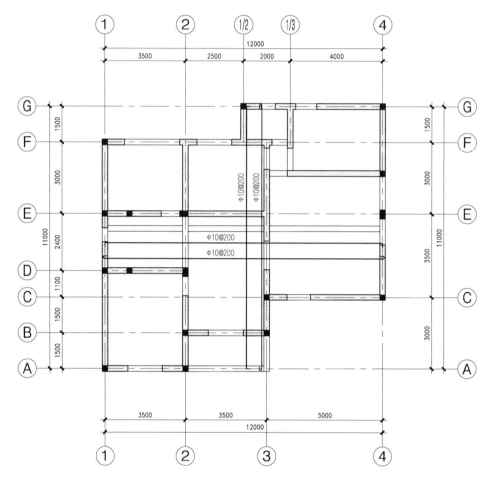

坡屋顶配筋平面图

说明:
1.未标注板厚为120mm。
2.楼板混凝土强度等级为C30。

0   2   5（m）

典型农房户型3坡屋顶配筋平面图

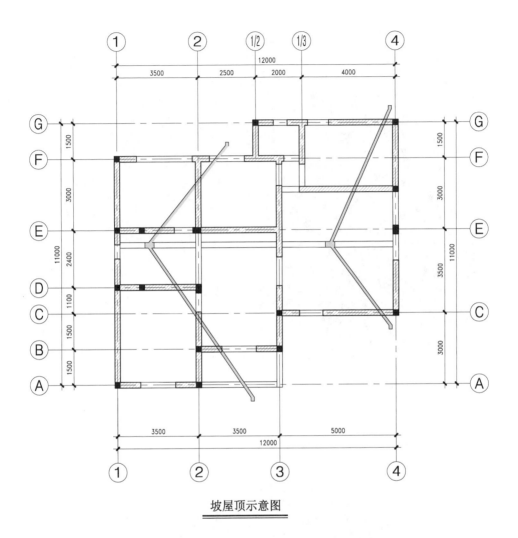

坡屋顶示意图

说明:

1.未标注板厚为120mm。

2.楼板混凝土强度等级为C30。

0　2　5（m）

典型农房户型 3 坡屋顶示意图

四、典型农房户型 4

典型农房户型 4 鸟瞰图

典型农房户型 4 效果图

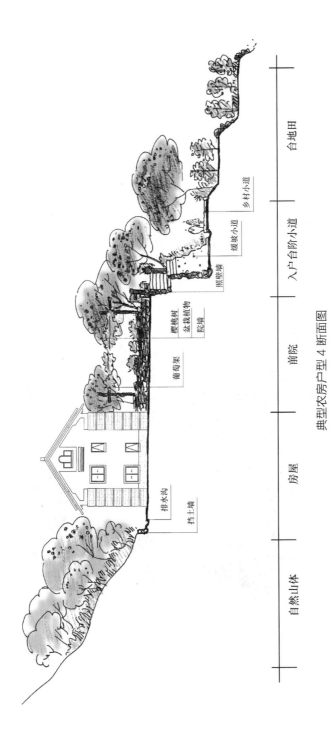

典型农房户型 4 断面图

自然山体　房屋　前院　入户台阶小道　台地田

排水沟
挡土墙

葡萄架

樱桃树
盆栽植物
院墙

照壁墙

缓坡小道
乡村小道

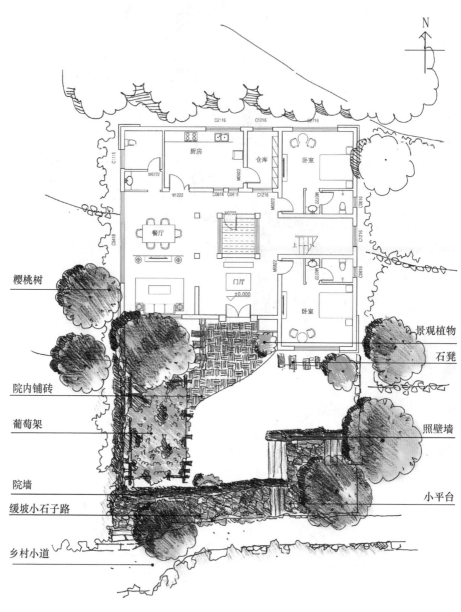

N

樱桃树

院内铺砖

葡萄架

院墙

缓坡小石子路

乡村小道

景观植物

石凳

照壁墙

小平台

厨房

仓库

卧室

餐厅

门厅
±0.000

卧室

典型农房户型 4 平面图

典型农房户型 4 景观效果图

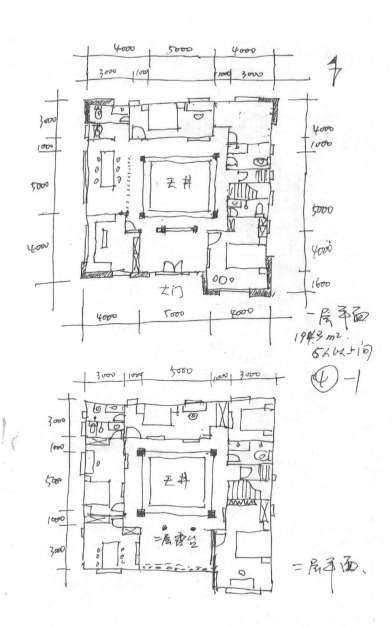

典型农房户型 4 手绘图 1

定住脊顶

2200
3000
3600

平用黄毛色、里待乡土感
西坡中里待小一些

天井四合院(5x以上)正面设计
2##4.3㎡

防水墙
防水沟

水自面设计

④-2.

典型农房户型4手绘图2

右侧面

左侧面.

④-3

典型农房户型 4 手绘图 3

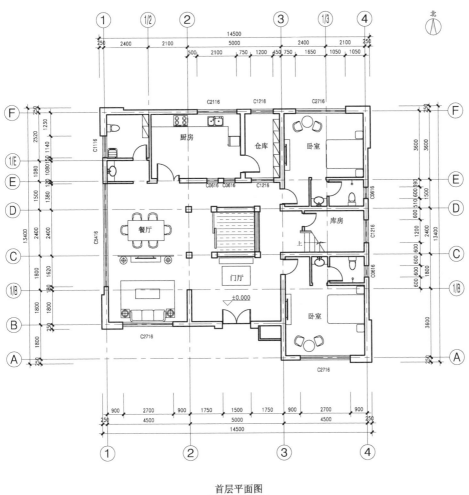

北

首层平面图

建筑面积:171.58m²
总建筑面积:343.16m²

说明:
1.图中未标明墙体为普通实心水泥砖。
2.图中未标明砌体厚240mm,未标明门
  垛为轴线到边240mm。
3.厨房、厕所较相应楼面-0.03m。
4.尺寸单位: m, mm。

0   2   5 (m)

典型农房户型 4 首层平面图 1

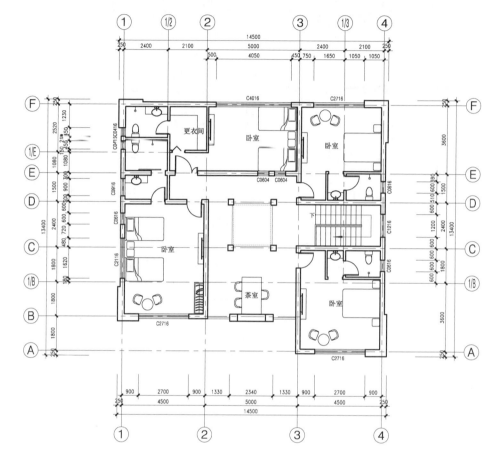

二层平面图

建筑面积:171.58m²

说明:
1.图中未标明墙体为普通实心水泥砖。
2.图中未标明砌体厚240mm，未标明门
  垛为轴线到边240mm。
3.厨房、厕所较相应楼面-0.03m。
4.尺寸单位: m, mm。

0   2   5 (m)

典型农房户型 4 二层平面图

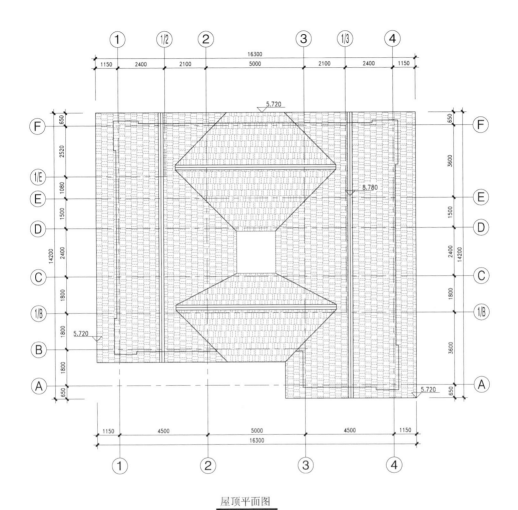

屋顶平面图

说明:
1.图中未标明墙体为普通实心水泥砖。
2.图中未标明砌体厚240mm，未标明门垛为轴线到边240mm。
3.厨房、厕所较相应楼面-0.03m。
4.尺寸单位：m，mm。

0   2   5 (m)

典型农房户型 4 屋顶平面图

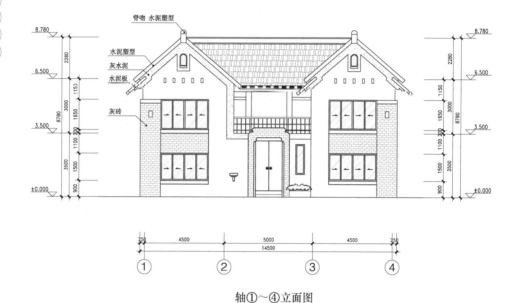

脊吻 水泥塑型

水泥塑型
灰水泥
水泥板

灰砖

8.780
6.500
3.500
±0.000

2280
1153
3000
1650
8780
1100 200
1500
900
3500

250 4500 5000 4500 250
14500

① ② ③ ④

轴①~④立面图

说明:
1.图中未标明墙体为普通实心水泥砖。
2.图中未标明砌体厚240mm,未标明门
 垛为轴线到边240mm。
3.厨房、厕所较相应楼面-0.03m。
4.尺寸单位: m, mm。

0 2 5 (m)

典型农房户型 4 轴立面图 1

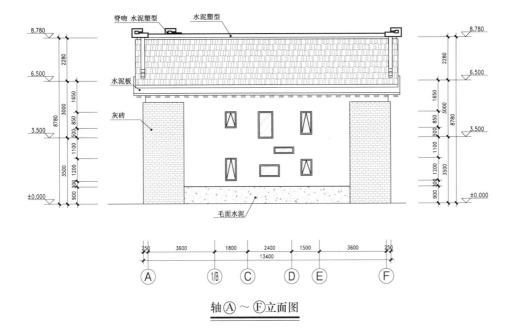

脊吻 水泥塑型　　水泥塑型

8.780

2280

6.500

水泥板

1650

3000

8780

灰砖

850

500

3.500

1100

3500

1200

900 300

±0.000

毛面水泥

8.780

2280

6.500

1650

3000

850

500

8780

3.500

1100

3500

1200

900 300

±0.000

250　3600　1800　2400　1500　3600　250
13400

Ⓐ　1/Ⓑ　Ⓒ　Ⓓ Ⓔ　　　Ⓕ

轴Ⓐ～Ⓕ立面图

说明：
1.图中未标明墙体为普通实心水泥砖。
2.图中未标明砌体厚240mm，未标明门
　垛为轴线到边240mm。
3.厨房、厕所较相应楼面-0.03m。
4.尺寸单位：m，mm。

0　　2　　　5（m）

典型农房户型4轴立面图2

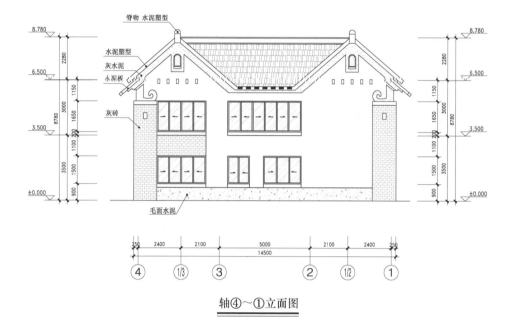

轴④～①立面图

说明:
1.图中未标明墙体为普通实心水泥砖。
2.图中未标明砌体厚240mm,未标明门
  垛为轴线到边240mm。
3.厨房、厕所较相应楼面-0.03m。
4.尺寸单位: m, mm。

0   2   5 (m)

典型农房户型 4 轴立面图 3

98

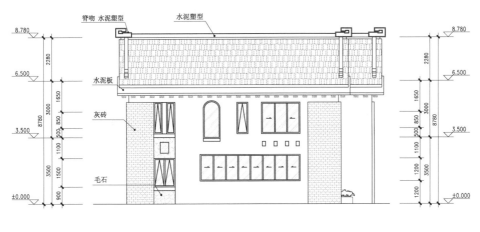

脊吻 水泥塑型　水泥塑型

8.780

6.500

3.500

±0.000

2280

1650

3000

850

500

1100

3500

1500

900

8780

水泥板

灰砖

毛石

8.780

6.500

3.500

±0.000

2280

1650

3000

850

500

1100

1200

3500

1200

8780

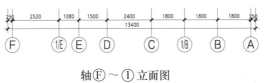

250　2520　1080　1500　2400　1800　1800　1800　250

13400

Ⓕ　⑪/E　Ⓔ　Ⓓ　Ⓒ　①/B　Ⓑ　Ⓐ

轴Ⓕ～①立面图

说明:

1.图中未标明墙体为普通实心水泥砖。

2.图中未标明砌体厚240mm,未标明门
垛为轴线到边240mm。

3.厨房、厕所较相应楼面-0.03m。

4.尺寸单位: m, mm。

0　2　5 (m)

典型农房户型 4 轴立面图 4

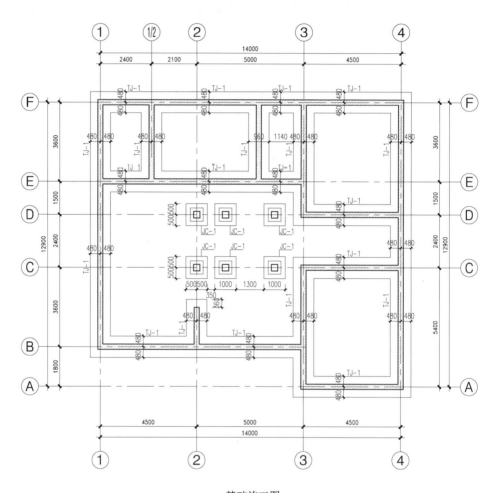

基础施工图

说明:
1.未标注条形基础均为轴线居中。
2.基础垫层混凝土强度等级为C15。

0   2   5（m）

典型农房户型 4 基础施工图

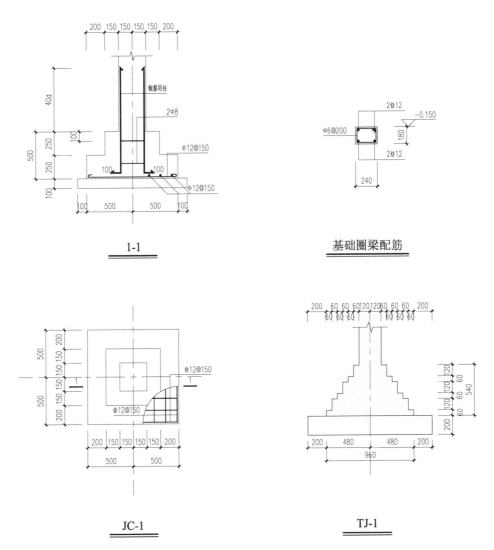

1-1

基础圈梁配筋

JC-1

TJ-1

基础圈梁配筋图

说明:
1.未标注条形基础均为轴线居中。
2.基础垫层混凝土强度等级为C15。

0 2 5 (m)

典型农房户型4基础圈梁配筋图

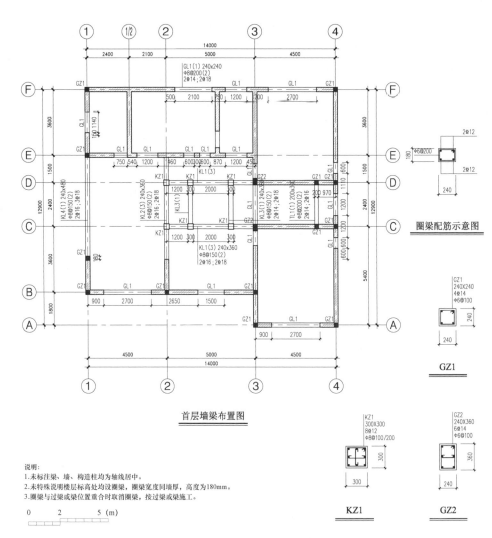

首层墙梁布置图

圈梁配筋示意图

GZ1

KZ1

GZ2

说明：
1.未标注梁、墙、构造柱均为轴线居中。
2.未特殊说明楼层标高处均设圈梁，圈梁宽度同墙厚，高度为180mm。
3.圈梁与过梁或梁位置重合时取消圈梁，按过梁或梁施工。

0   2   5 (m)

典型农房户型 4 首层墙梁布置图

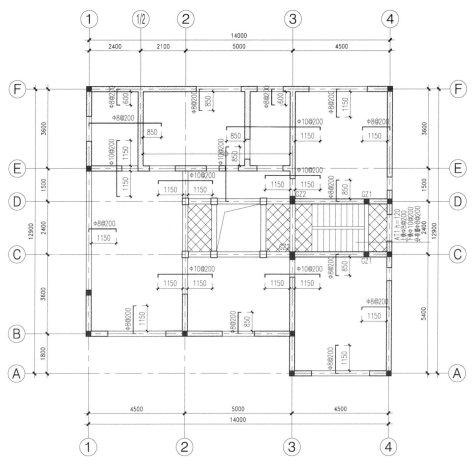

首层顶板配筋平面图

说明:
1.未标注板厚为120mm。
2.楼板混凝土强度等级为C30。
3.楼板未注明的下铁钢筋为φ10@200。

 区域的楼板钢筋为φ8@200,双层双向。

0   2   5 (m)

典型农房户型 4 首层顶板配筋平面图

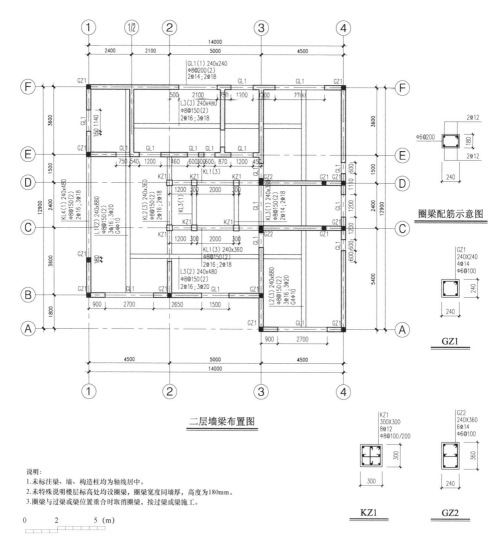

二层墙梁布置图

圈梁配筋示意图

GZ1

KZ1

GZ2

说明：
1．未标注梁、墙、构造柱均为轴线居中。
2．未特殊说明楼层标高处均设圈梁，圈梁宽度同墙厚，高度为180mm。
3．圈梁与过梁或梁位置重合时取消圈梁，按过梁或梁施工。

0 2 5 (m)

典型农房户型 4 二层墙梁布置图

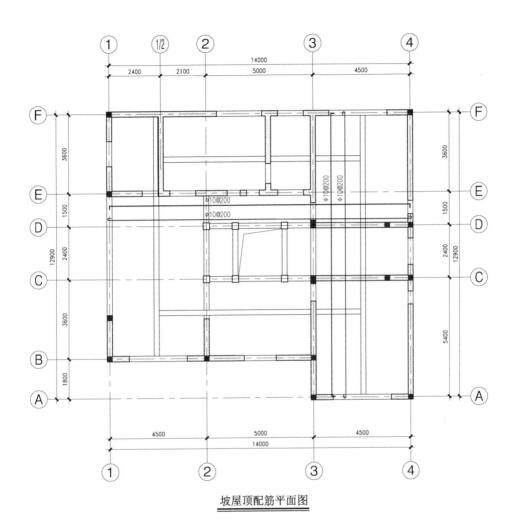

坡屋顶配筋平面图

说明:
1.未标注板厚为120mm。
2.楼板混凝土强度等级为C30。

典型农房户型 4 坡屋顶配筋平面图

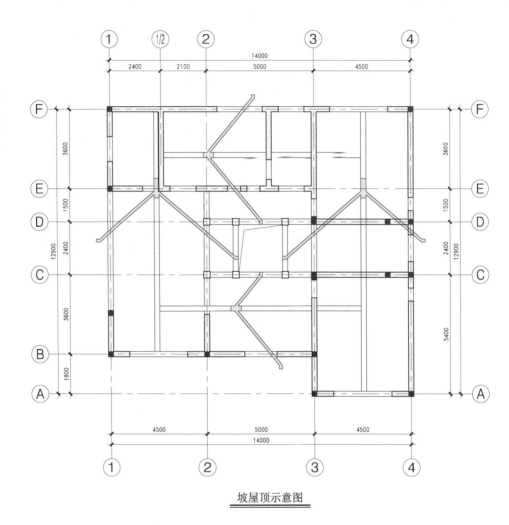

坡屋顶示意图

说明:
1.未标注板厚为120mm。
2.楼板混凝土强度等级为C30。

0   2   5 (m)

典型农房户型 4 坡屋顶示意图

典型农房户型 5 效果图 1

典型农房户型 5 效果图 2

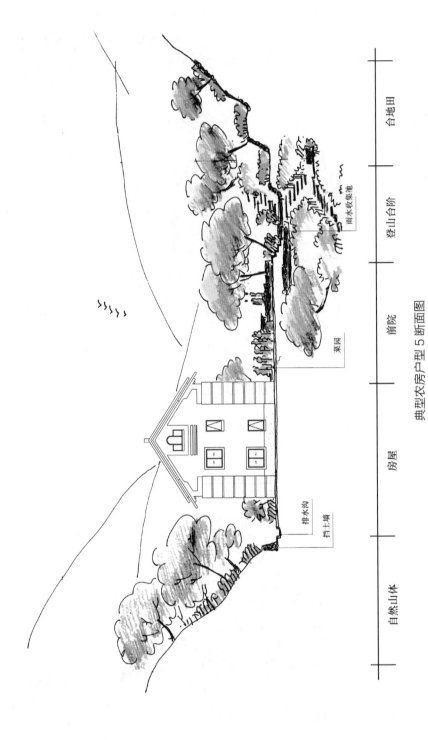

典型农房户型 5 断面图

自然山体　　房屋　　前院　　登山台阶　　台地田

菜园

雨水收集池

排水沟

挡土墙

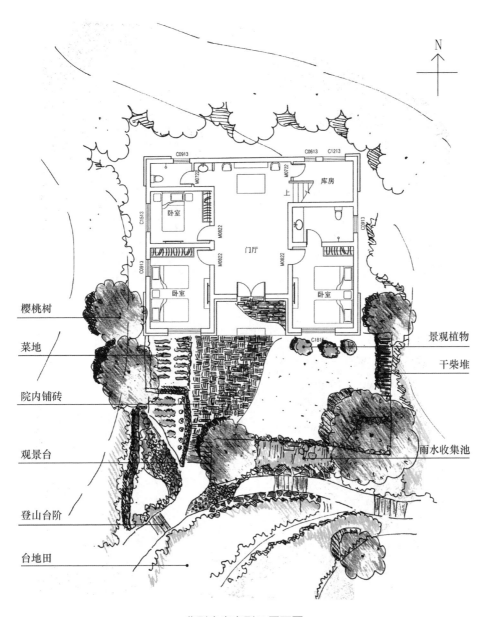

N

樱桃树

菜地

院内铺砖

观景台

登山台阶

台地田

景观植物

干柴堆

雨水收集池

典型农房户型 5 平面图

典型农房户型 5 景观效果图

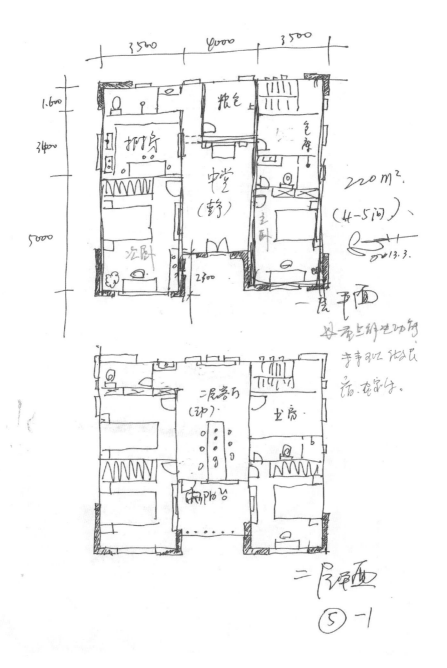

典型农房户型 5 手绘图 1

黄泥
龙碎瓦
白色

7600

3000

3600

正面图

墙面手绘

北面图

⑤-2

典型农房户型 5 手绘图 2

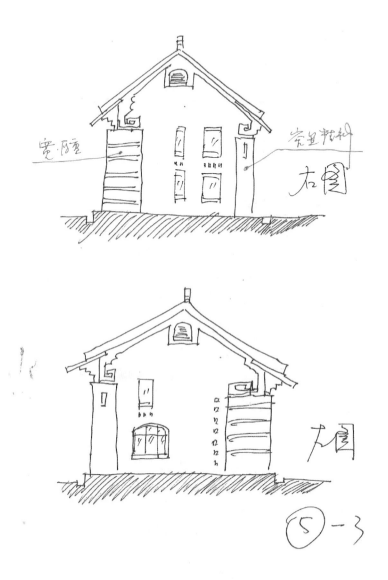

宽厅堂

宽量利科

右图

大图

⑤-3

典型农房户型 5 手绘图 3

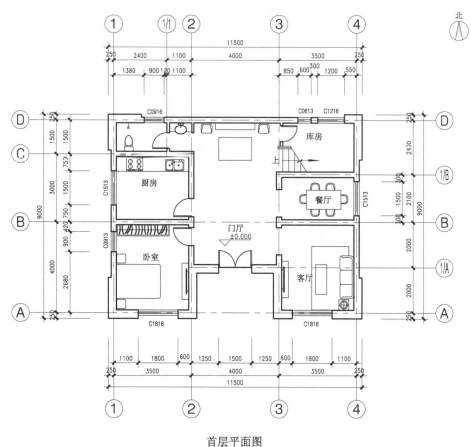

北

首层平面图

建筑面积:93.43m²
总建筑面积:185.82m²

说明:
1.图中未标明墙体为普通实心水泥砖。
2.图中未标明砌体厚240mm,未标明门
垛为轴线到边240mm。
3.厨房、厕所较相应楼面-0.03m。
4.尺寸单位:m, mm。

0   2   5(m)

典型农房户型 5 首层平面图

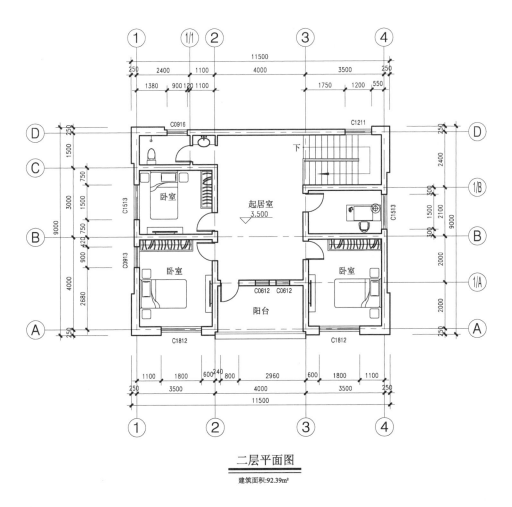

二层平面图

建筑面积:92.39m²

说明:
1.图中未标明墙体为普通实心水泥砖。
2.图中未标明砌体厚240mm,未标明门
 垛为轴线到边240mm。
3.厨房、厕所较相应楼面-0.03m。
4.尺寸单位: m, mm。

典型农房户型 5 二层平面图

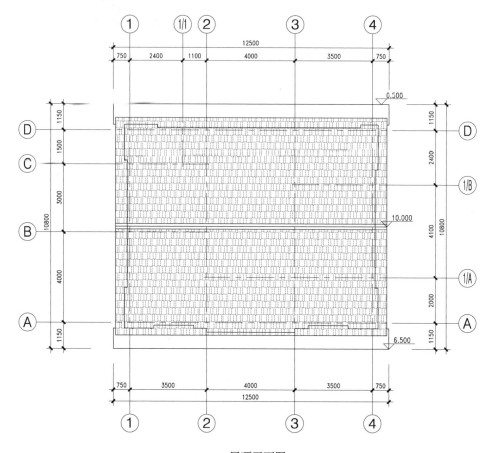

<u>屋顶平面图</u>

说明:
1.图中未标明墙体为普通实心水泥砖。
2.图中未标明砌体厚240mm,未标明门
　垛为轴线到边240mm。
3.厨房、厕所较相应楼面-0.03m。
4.尺寸单位:m,mm。

0　　2　　5(m)

典型农房户型5屋顶平面图

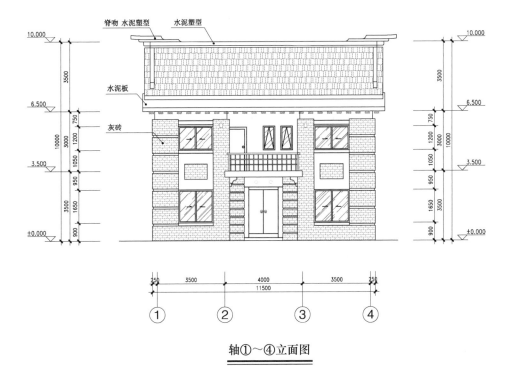

轴①～④立面图

说明:
1.图中未标明墙体为普通实心水泥砖。
2.图中未标明砌体厚240mm，未标明门
  垛为轴线到边240mm。
3.厨房、厕所较相应楼面-0.03m。
4.尺寸单位：m，mm。

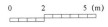

典型农房户型 5 轴立面图 1

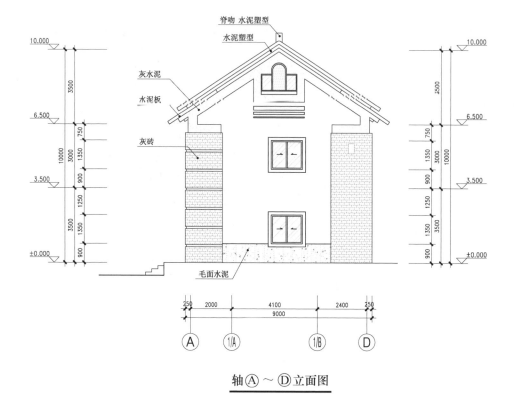

脊吻 水泥塑型
水泥塑型
灰水泥
水泥板
灰砖
毛面水泥

10.000
3500
6.500
750
3000
1350
10000
3.500
900
1250
3500
1350
±0.000
900

10.000
3500
6.500
750
1350
3000
10000
900
3.500
1250
3500
1350
±0.000
900

250 2000   4100   2400 250
9000

Ⓐ   ①/A   ①/B   Ⓓ

轴Ⓐ ~ Ⓓ立面图

说明:
1.图中未标明墙体为普通实心水泥砖。
2.图中未标明砌体厚240mm,未标明门
垛为轴线到边240mm。
3.厨房、厕所较相应楼面-0.03m。
4.尺寸单位: m, mm。

0   2   5 (m)

典型农房户型5轴立面图2

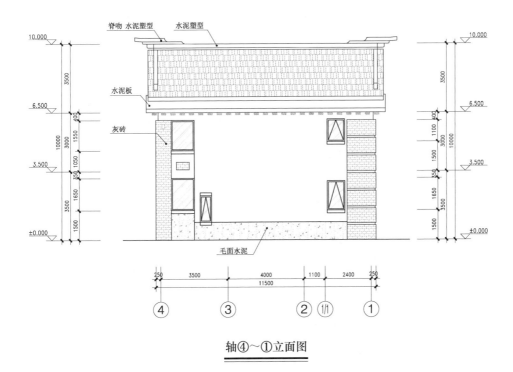

脊吻 水泥塑型　　水泥塑型

水泥板

灰砖

毛面水泥

10.000

6.500

3.500

±0.000

3500

10000

3000

3500

600

1550

1050

1650

1500

350

10.000

6.500

3.500

±0.000

3500

10000

1100

3000

3500

400

1500

1650

1500

350

250　3500　4000　1100　2400　250

11500

④　③　②　⑴　①

轴④～①立面图

说明:
1.图中未标明墙体为普通实心水泥砖。
2.图中未标明砌体厚240mm，未标明门垛为轴线到边240mm。
3.厨房、厕所较相应楼面-0.03m。
4.尺寸单位: m, mm。

0　　2　　　5 (m)

典型农房户型 5 轴立面图 3

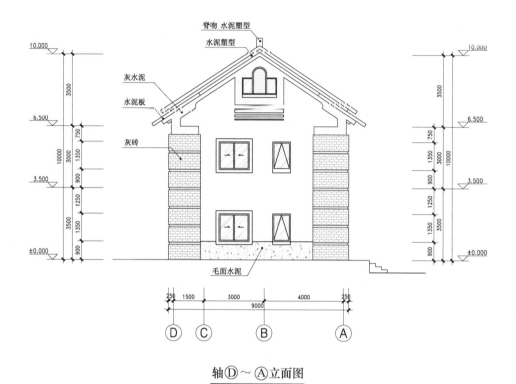

脊吻 水泥塑型

水泥塑型

灰水泥

水泥板

灰砖

毛面水泥

10.000

3500

6.500

750

3000

1350

10000

3.500

900

1250

3500

1350

±0.000

900

10.000

3500

6.500

750

1350

3000

10000

3.500

900

1250

3500

1350

±0.000

900

250 1500 3000 4000 250

9000

Ⓓ Ⓒ Ⓑ Ⓐ

轴Ⓓ～Ⓐ立面图

说明:
1.图中未标明墙体为普通实心水泥砖。
2.图中未标明砌体厚240mm,未标明门
  垛为轴线到边240mm。
3.厨房、厕所较相应楼面-0.03m。
4.尺寸单位: m, mm。

0   2   5 (m)

典型农房户型 5 轴立面图 4

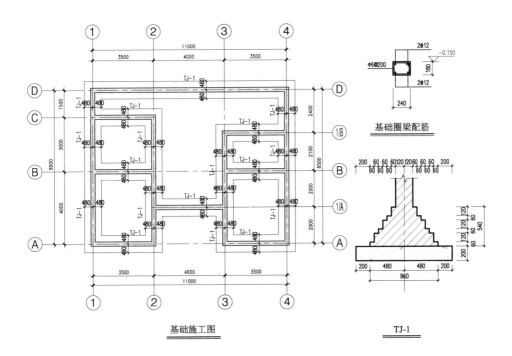

基础施工图

基础圈梁配筋

TJ-1

说明:
1.未标注条形基础均为轴线居中。
2.基础垫层混凝土强度等级为C15。

0   2   5 (m)

典型农房户型 5 基础施工图

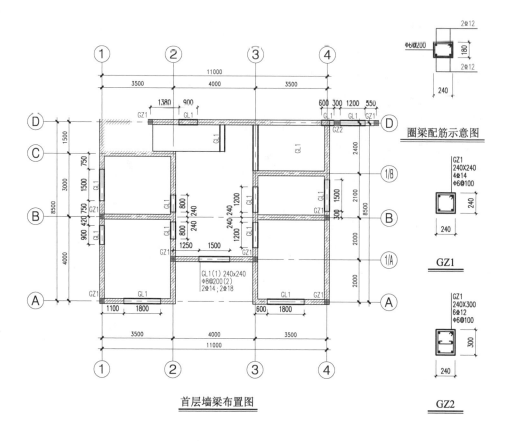

圈梁配筋示意图

首层墙梁布置图

GZ1
240X240
4Φ14
Φ6@100

GZ1

GZ1
240X300
6Φ12
Φ6@100

GZ2

说明:
1.未标注梁、墙、构造柱均为轴线居中。
2.未特殊说明楼层标高处均设圈梁,圈梁宽度同墙厚,高度为180mm。
3.圈梁与过梁或梁位置重合时取消圈梁,按过梁或梁施工。

0   2   5 (m)

典型农房户型 5 首层墙梁布置图

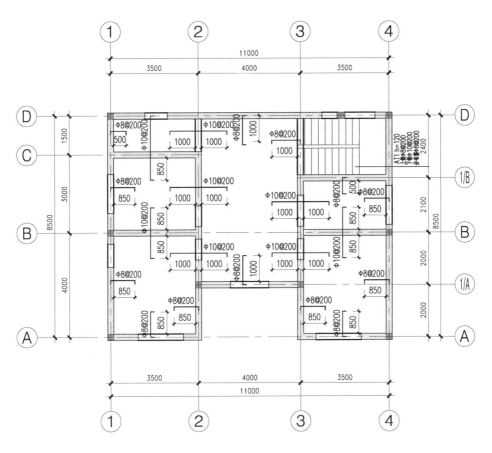

首层顶板配筋平面图

说明:
1.未标注板厚为120mm。
2.楼板混凝土强度等级为C30。

典型农房户型5 首层顶板配筋平面图

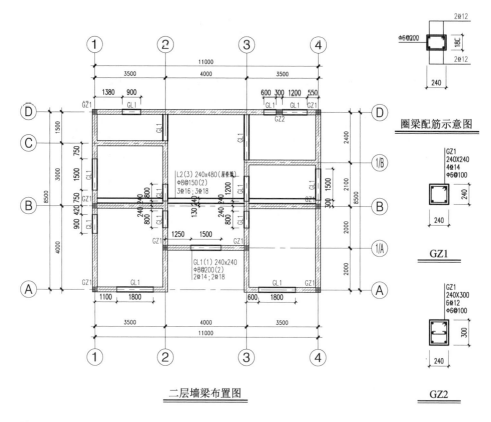

二层墙梁布置图

GZ1
240X240
4Φ14
Φ6@100

GZ1

GZ1
240X300
6Φ12
Φ6@100

GZ2

圈梁配筋示意图

说明：
1.未标注梁、墙、构造柱均为轴线居中。
2.未特殊说明楼层标高处均设圈梁，圈梁宽度同墙厚，高度为180mm。
3.圈梁与过梁或梁位置重合时取消圈梁，按过梁或梁施工。

0   2   5 (m)

典型农房户型 5 二层墙梁布置图

124

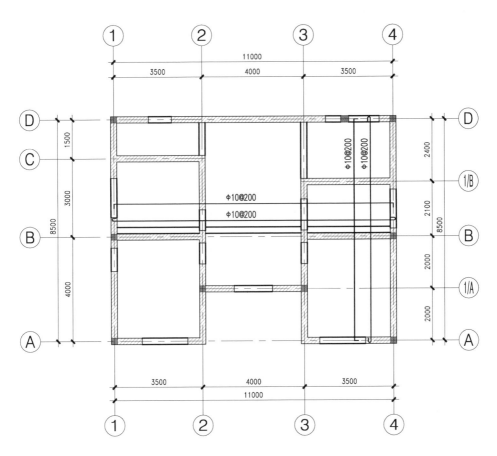

坡屋顶配筋平面图

说明:
1.未标注板厚为120mm。
2.楼板混凝土强度等级为C30。

0　　　2　　　5（m）

典型农房户型 5 坡屋顶配筋平面图

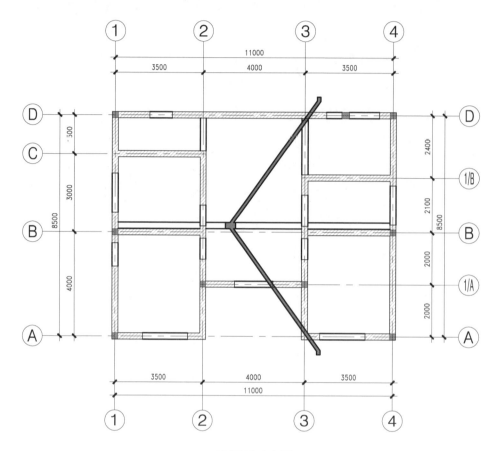

坡屋顶示意图

说明:
1.未标注板厚为120mm。
2.楼板混凝土强度等级为C30。

0   2   5 (m)

典型农房户型 5 坡屋顶示意图

樱桃沟村手记 |

经营樱桃沟 共筑樱桃梦

陈茹（郧县副县长）

编者按：文章是孙君手记中多次提到的时任郧县副县长，现任郧阳区委常委、宣传部长陈茹女士所作，展现了作为乡村建设中的樱桃沟项目的管理者、推动者和参与者对当地规划与发展的思考与探索，使读者更容易理解乡村规划和建设过程中的难点与多面性，有助于乡村建设中的规划者从另一个角度上思考"甲方"到底需要什么。而我们的规划是否能够符合实际，能否顺利地使农村变得更像农村。

近些年来，不少专家学者尤其是"三农"问题研究的专家学者一直在探讨如何建设新农村的课题，全国各地也涌现出许多成功的案例，如浙江的"美丽乡村"建设，湖北的"绿色幸福村"建设等。当然，也有许多失败的典型，如海南省某地新农村被称为"漂亮的监狱"（原因：住着"好房子"，过着苦日子）。成功的案例亦大都相同：因地制宜，规划可行等。不成功的案例有两个共性特点：一是群众不热心，不参与。因为是"政府"要建的新农村，是各级领导想要的，不是农民想要的；政府也觉得冤枉，费了很大力气，花了很多钱，群众还不领情。二是群众参与力度不够。因为是"少数人"的新农村，大多数群众并没有从中受益，所以不愿意参与。

作为长期工作在一线的最基层的一名干部，也想对如何建设好我们美丽的新农村这一课题作一些有益的探索。我想实践的课题就是《经营樱桃沟 共筑樱桃梦》。"经营"一词，字典里的解释是策划并管理，泛指计划和组织。时下的新农村建设涉及方方面面，的确需要细致的策划、管理、组织。

1. 樱桃沟村的基本情况

郧县茶店镇樱桃沟村（图4-1）地处十堰城区和郧县县城的结合部，属典型的城郊村，版图面积为7.67平方千米。其中耕地面积为2300亩，山林面积为

5700亩。辖11个村民小组，426户1568人。地理位置优越，交通优势明显，南距车城十堰城区18千米，北与郧县城关镇隔汉江相望，东有"郧十"一级路穿境而过，西出209国道2千米便可上福银高速。

2012年,全村人均纯收入达到6600元,高于全县农民人均纯收入47个百分点。

图4-1　樱桃沟全景（泡鱼儿　摄影　远方网　提供）

2.樱桃沟村新农村建设取得的成绩

因为樱桃沟村地理位置优越（一肩挑两城），交通便利（国道高速一进一出），产业基础较好（樱桃、草莓初具规模），承接了十堰城区和郧县城区居民周末、节假日休闲的去处，也因持续多年的建设，樱桃沟村已被省政府授予首批"旅游名村"，樱桃沟村的新农村建设也称为生态文化旅游名村建设。为了提升樱桃沟村的建设档次，让"旅游名村"名副其实，樱桃沟有幸请到了北京绿十字、中国乡建院、河南天禾园林绿化公司、中国美食家协会、远方网等国内知名规划团队进村规划建设。

这个规划团队来自全国各地，每位专家都是"身怀绝技，武功一流"，设计的作品个个都很棒，"外修生态、内修人文""把农村建设得更像农村"的理念也非常先进，自2012年10月专家进驻至今已有一年时间，这一年来，樱桃沟的建设突飞猛进，取得了一系列成绩。

房屋改扩建快速推进：改造和新建了代表樱桃沟村核心文化的五零山居、60院、70院；完成了村部改造；新建两座公共厕所；新建新型户型房屋 12 栋，旧房、庭院改造 53 户；建成两个资源分类中心和 1 个游客接待中心。景观改造效果显著：完成了一期 4 千米河道整治暨水体景观打造，4 千米循环旅游栈道铺设，完成了河堤修建、逐级蓄水水坝、水车建设和四座造型别致的景观拱桥建设；新建荷花塘 25 亩、樱桃园 200 余亩，栽植樱桃树 6000 余株，播种金鸡菊等花种 500 余斤；完成了村部广场扩建和景观改造；推进了农家乐的提档升级；启动了投资 5000 余万元的有中国古代建筑博物馆之称的郧阳新街建设。环境整治整村推动：率先进行了整体的环境治理策划，培训村民资源分类和内外环境整治的技巧，引导村民参与管理、治理、监督环境整治和实行垃圾分类，基础环境条件大为改观，山村整洁漂亮，清新怡人。

3. 樱桃沟村建设存在的问题

客观评价樱桃沟村的建设总体是不错的，建设速度也基本可以，而且市场试水，客人纷至沓来，还有旅行社不断与我联系，甚至要求提供住游。但我仍然发现存在很大的问题，尤其是 2013 年 8 月份以后，工作阻力很大，解决一个很小的问题往往要耗费很大的精力（当然原因是多方面的，在这里不作赘述）。回过头来查找原因，樱桃沟村的最大问题，不是资金不足，不是速度不快，依然是本文开篇出现的两个问题：群众不热心参与和参与度不够。为什么会出现这样的问题，核心是群众的基础工作做得不牢，俗话说，基础不牢，地动山摇。其深层次的原因是建设和大部分群众的利益没有关系。

怎么能调动群众参与的积极性呢？唯有以共同的利益导向为驱动（当然，这只是低层次的），再高一个层次是唤醒村民的家园意识（我们下一步就会做到），更高层次就是村民们共同的信念信仰方面的（我们暂时不考虑这么远这么深）。

那么怎样让樱桃沟的村民觉得樱桃沟的建设和自己密切相关呢？答案有一个，那就是把整个樱桃沟村当成一个大农庄来经营！让每位村民成为大农庄的主人，这样，利益就和村民的收益能挂上钩了。徐新桥博士讲过，对于越来越稀缺的生态资源，在保护的前提下加以科学利用，供给也可创造需求，因为不断扩大的潜在市场在人们的心底潜伏涌动，缺乏的只是一流的产品和服务。樱桃沟，急需提档升级！

4.经营樱桃沟村的基本思路

经营樱桃沟村的基本思路是：把樱桃沟整村变成一个大农庄，把樱桃沟村的山林、土地、房屋、道路、河流有机统一起来。成为一个体积庞大的农庄，作为一个不可估价的资源来盘活，让每位村民都成为经营它的主人，让每位村民都能致富，都有享受建设的成果，而不是过去只有开农家乐的"少数人"富起来。

经营樱桃沟的计划分两步走：

第一步，转变资产属性。把樱桃沟所有土地、房屋、山林都流转到樱桃居公司名下，这样每家每户都是樱桃居公司的股东，由集体和市场全面对接，避免一家一户的各种风险（这与十八届三中全会决定思想一致，因此事系操作层面，比较复杂，另文专叙）。

第二步，转变经营方式。把全村426户村民作为一个整体，其中30%的农户是开客栈的、农家乐的（为游客提供服务），30%的农户是发展种养产业的（为农家乐、客栈提供有机食品），20%的农户是做服务业的（一部分在客栈、农家乐帮工，一部分生产手工工艺品；一部分作民俗文化表演），另外20%的老、弱、病、残、孤的人员做力所能及的公共事务（如打扫卫生、种花、种草等），让每个人每一户都能找到最适合自己的方式。这样就盘活了农村最美的资源，激发了农业最大的潜能，唤醒了农民最真的本能，与孙君老师所提出的农村是有价值的，农业是有希望的，农民是有尊严的指导思想相辅相成了！也只有这样，樱桃沟这个大农庄的建设才和每一个村民紧紧相连：土壤的质量和每个人的切身利益相关，整洁的环境和每个人的切身利益相关，优美的景观和每个人的切身利益相关，可口的饭菜和每个人的切身利益相关，舒适的家居和每个人的切身利益相关。把樱桃沟1568人的切身利益都绑在这个"大农庄"上，他们能不为樱桃沟的建设出资出钱出力吗？很期待这一天出现哦！

5.经营樱桃沟村的基本框架

既然是要经营，就要考量经营者（整个樱桃沟村民）利益最大化，而且还是可持续的利益最大化，为保持长久的利益最大化，只能保持质量品质的最优化；否则，质与量失去平衡，就不可能永续发展。在这里，初步提出了经营樱桃沟村的基本框架，大致从以下七个方面做起：

（1）做强基础。既然把樱桃沟村定位为生态文化旅游名村建设，是一般新农村建设的"升级版"，那么其基础设施同样要做强要做成"升级版"。包括道路的拓宽、线形的流畅、车道的循环，包括自行车道、徒步登山道路，包括污水处理设施、人畜饮水工程等。

（2）做好产业。产业是经营樱桃沟村的核心内容之一。要扎扎实实做有机产业、自然产业、景观产业，要改变光靠樱桃、草莓产业单一的缺点，适时引进填补季节空白的产业，要拉长产业链条，发展上、中、下全产业链的产业。

（3）做美环境。引导农户实行垃圾分类，创建干净卫生、环保村庄；要修建景观节点着力打造优美环境，使村在林中，房在景中，人在画中，靠优美的环境吸引人，留驻人。

（4）做优服务。提升服务水平将是经营樱桃沟村最重要的一环，在服务培训上要下狠功夫，从游客的满意度、美誉度着手。每个人都是服务员，注重细节，从小处着眼，在细微处见功夫。让每一位到樱桃沟村的游客除了体味自然山水的清新之外，还能享受干净、舒适、现代的室内环境。

（5）做实品质。品质优良是经营樱桃沟村追求的永恒目标，牛棚改造的50院是樱桃沟村品质的代表，郧阳新街26栋各有特色的建筑是樱桃沟村品质的巅峰之作，之后把服务运营的"魂"装进去，樱桃沟村的品质将会无与伦比。

（6）做靓品牌。一方面我们要全力打造经营樱桃沟这个最靓品牌，使之牢牢占领首位度；另一方面我们要打造具有樱桃沟村特色的各种产品品牌，使樱桃沟村的利益最大化。

（7）做大宣传。经营樱桃沟村，为了全村群众的福祉，好酒也要赚吆喝，根据建设的成就，分圈层加大宣传力度，先对本市宣传，再辐射半径为300千米的武汉、西安等，最后面向全国，樱桃沟村致力于打造中国乡村休闲度假目的地。

6. 经营樱桃沟村的基本步骤

经营樱桃沟村绝不可能一蹴而就，也没有可借鉴的成熟做法。愚以为，可分以下三步走：

第一步，扎实做好群众工作。这是经营樱桃沟村的基础工作，要持续不断地做群众工作、培训群众、引导群众、调动群众、吸引群众。要拿出过去干部深入村组、农户做群众工作的作风，与群众打成一片，做群众的贴心人。我们的群众始终是最善良、最质朴的，只要干部肯"沉下去"，群众自然会"贴上来"（这与时下全国开展的群众路线教育又可以结合起来哦，一举两得！）

第二步，合理做好分类排队。这是一项非常细致的工作，事关经营樱桃沟村的成败。要根据各户人员结构、数量、年龄、专长以及现有家庭基础、产业条件，按照 30%+30%+20%+20% 的比率合理分类，并逐户沟通，确保每户利益。

第三步，进行初步尝试。现在已进入旅游淡季，正好利用现在到 2014 年 3 月份之间空闲时间组织农户尝试，以备战明年旺季到来。

7. 经营樱桃沟村的基本要求

经营樱桃沟村是一个系统的工作，把樱桃沟村的建设同步贯穿始终，时间紧、任务重、要求高，此方案如能获批（此创意来源于孙君老师，启迪于徐新桥教授，只是加了一些本人粗浅的思考，目前这只是第一稿，不太成熟，也不知道到实施层面会怎样。先抛出来，供大家拍砖，我也已做好砖拍瓦砸的准备！）将全力以赴推进，为此有四点要求：

（1）进一步充实县、镇指挥部力量。目前镇村指挥部力量和繁重的工作相比，人员非常薄弱，尤其是县指挥部到目前没有一个常驻人员，总共就是我、杜万勃、郭永莲、王金伟四个人，而且我们还有其他的工作，建议从县直抽调一至两名精干人员长驻樱桃沟村。

（2）进一步加大项目资金整合力度。樱桃沟村的建设正处于关键时期，年初整合的资金是否到位，明年安排布局的项目多少直接影响建设的速度、质量和效果。

（3）进一步明确责任分工。严格按照县、镇、村干部职责分工对干部进行责任考核，而考核不合格的干部根据情况予以处理。

（4）进一步组织人员到郝堂等村考察。樱桃沟村的建设我们自己跟自己比取得了较大成效，但和其他在全国各地正如火如荼建设的村庄相比，我们的差距可不是一点点，而是很多点！这次在广水开现场会明显感觉差距很大，压力很大。建议适时再组织相关人员外出学习考察、借鉴，我相信磨刀是不误砍柴工的。我们湖北远安县的县委书记周正英、县长张世敏到郝堂考察之后，随之又先后安排全县近 500 名干部赴郝堂考察。我和孙老师开玩笑说，一个县如此高规格、大规模地对县外的一个村庄进行考察，我估计可以写进吉尼斯大全了！远安，不仅仅以一棵纯洁唯美的山楂树而闻名全国，还可以用这个吉尼斯纪录感动全国！何止如此，远安，正在徐新桥博士和孙君老师的精心指导下，运用国际一流的文化旅游、建筑设计和规划大师，开展全域生态文明建设的伟大实践。未来，也许就三五年，一个叫作周正英的女英雄，将会频繁出现在公众视野中，被大家所熟知。

8. 后记

昨天晚上从孙君老师工作室回来已经快零点了，各路专家们的讨论仍在耳畔萦绕。洗洗上床将近凌晨 1 点，兴奋还是不让我入睡。脑海中我对樱桃沟的明天似乎有了一个清醒的图像，眼前却还是模模糊糊的。两个月来我一直思考如何用一个清晰响亮、易懂好记的主题来概括樱桃沟，答案却还在躲着我。

眼睛很痛苦，睡意不强烈，脑子里依旧天马行空，心里却有点甜。于是闭着眼睛听录音，听徐新桥博士的、听王珏博士的、听孙君老师的。终于，耗尽最后一点力气，昏昏睡去。

清晨 5 点。照例从昏昏沉沉之中醒来（已养成将近 20 年的习惯，不论头天晚上睡多晚，早晨 5 点必醒），突然脑中一闪，"经营村庄"四个字蹦了出来，就是它，就是它！盘桓了这么多天一直找的东西找到了！尤其是 10 月 31 日在广水桃源开会之后，一直想写出一个考察报告，报告的结构已经列的很细了，尤其是前半部分连小标题都想好了，但却因樱桃沟的定位没有提炼出来，思考了这一个星期而没有动笔。

现在终于找到方向了，可以执笔啦！

于是乎，起床、穿衣、动工喽！

去年考察完孙老师推荐的几个村后写的考察报告叫《修复乡村文明　建设生态家园》，今年考察之后，感觉这些村庄纷纷"提档升级"，各种梦的升级版次第新鲜出炉，樱桃沟村的建设也是复兴大郧阳梦中的一个小梦，故标题暂定为《经营樱桃沟　共筑樱桃梦》。

2013 年 10 月

櫻桃落地——规划落地

孙 君

下午 4 点我与王莹匆匆去见淅川县委马书记，主要汇报 13 个村规划阶段性工作，同时也是督促县委县政府尽快组建能让规划落地的机制。马书记在我们汇报之前，已开始组建了一个规划落地的执行机构，由新上任的陶副县长与分管农业的顾县长全力推动规划落地。

4 点 50 分，我再次登上返回郧县政府的车赶往櫻桃沟村，目标依然是规划落地。郧县与淅川县是邻县。

一周前，我请了远方网陈长春、郑州天禾鲍国志、美食专家丁华中、绿十字王玲等一行六人先到櫻桃沟村考察。此行考察是从规划落地可行性考虑。

专家考察结束后，感觉良好，可行性很强，关键是县区村三方面热情极高。专家组认可，我也就认可了（图 4-2）。

图 4-2 櫻桃沟（泡鱼儿 摄影）

1. 规划不谈技术谈动态

乡村规划，村镇是看不懂的，他们能看明白的是鸟瞰图与房子效果图，即使这样还是不行，让他们一定要看到样板房，看到旧房改造与新房建设的样子，他们才踏实。可是上级领导比农民更着急，要立刻见效果。所以工作如果是按正式的城市规划程序就很漫长了。所以我们要根据农民和政府的要求，又要根据农村的特点来做乡村规划，只有三者兼顾，乡村规划才有可能落地。

农民与政府都很感性，他们只要结果不要过程，这也是东方人的思维模式。西方人是注重过程，也需要结果。规划就是从西方传入中国的，所以它带有明显的西方的工作特点。可是随着今天的中国处在一个高速的跨越式发展的时代，城市规划的工作模式就显得跟不上了，尤其是跟不上乡村的规划理念，跟不上乡村个性化，具有艺术性的温度模式。

我的好朋友徐新桥说："城市规划是标准性的工业化模式，而乡村规划是非标准化的艺术性模式。"这话说的极是。

城市规划正常程序是这样，规划一般先调研一周，规划设计两个月，专家评审（村干部与农民不是专家一般不会参加），然后修改一个月，再评审。通过后交制施工图公司一个半月至三个月，再由施工预算机构做工程预算约两个星期。之后政府向社会（施工单位）招标，在一个月左右。再由接标施工单位与村委会签协议。开工日期是村委会与施工单位不能确定的，而是由风水先生来确定吉日，这个时间长短不定，少则几天多则几个月。唯独这个时间村委会与村民有耐心。这样前后半年至八个月。

这样的规划，村干部与村民是等不了。"快""跨越"是这个时代的基本特点，于是又出现乡村规划在一个星期之内全部完成的现象，乡村规划在专业设计院与各大专学校的设计院中，变成如同生产产品一样流水线式的规划。只要给钱，政府需要多快就有多快。规划成了想象中的规划，设计成了程序化的模本，这样的乡村规划又是依照城市规划的理念为乡村做设计，经历了五至六年后，政府与村干部感觉这村不像村，城不像城。政府与村干部反思反省，再开始找寻既能做好规划又能保证速度的规划机构，于是郧县政府在湖北省发改委"两圈办"通过朋友推荐，由我们来做樱桃沟村的规划与设计。

我身兼二职：一是在强调系统乡建的"中国乡建院"；二是在极有实践性的

"北京绿十字专家组"，我在这两个机构长期实践中渐渐融为一体。樱桃沟项目是一次重要融合过程。

北京绿十字专家组进入先预热，采用方法是先实施后规划，这个实施是让农民村干部先忙起来，可是又不能影响到后期规划的正常工作。而城市规划是先规划后实施。从表面上来看这不太可行，可是实际操作上来说，很靠谱。

先让农民与政府先动起来，先看效果。这是农村的建设、用地、资金与城市的不一样，农村几乎是以个体为主体，土地、房子、河塘、山川等，所有这一切政府是不能动的。这与城市用地不同，城市只要政府划了用地红线，开发商怎么建与市民没有关系。所以城市是先做规划审报，批准了就没有事了。乡村正好与此相反。

专家到了樱桃沟村之后，不停地与我沟通，感觉此项目能做，管理机制，村委会能力，农民的基本素质，市场的可行性，都没有太大问题。

于是我建议先预热（行动），后规划，当然费用之前一定要与政府沟通好。

专家组第一是与村委会商议，为乡村景观修复提概念性规划；第二是建议村委会对几间 20 世纪 50、60、70 年代的房子进行协调，由村集体收购；第三对两个村入口做标准性设计，村与政府很快进行非规划范围的工作划定，同时专家组回北京后又开始编写更具体的软性规划，又为中国乡建院的硬性规划做好前期基础工作，让乡建院有足够的时间来精雕细刻。

这就是先动后静的运作形式，也是我一直在失误与不成功中慢慢地总结出的一种方法。政府做硬件，乡建院做规划，绿十字做软件。分工明确各自轻松。

动起来是今天所有人的兴趣，现实中每一种方法没有对与不对，只有哪一种方法更合适而已。

从容进入，有序梳理。

2. 村干部忙起来，政府慢下来，专家组走进来

樱桃沟村开始动了，对旧房子收租谈判，量旧房的尺寸，找项目资金，陈县长与村干部都开始忙了。他们做的第一件事就是出门考察，后不停与我们沟通，村干部的观念开始转变。

绿十字专家组日夜兼程编写未来市场定位，乡村景观，住与食的要求，卫生与环境的有序化，网络宣传的人群等软件工作。

2012 年 8 月 25 日，中国乡建院正式进入，王莹、王磊和我开始进行樱桃沟村规划工作。

樱桃沟村规划工作量不大，最主要的工作是帮助局部规划，重点梳理，内容是先找到希望、找到问题，重点与村干部交流，找到如何解决问题的方法。关键是政府说到的，就是规划怎么落地，又怎么解决目前的矛盾。

（1）经过三次交流，我们对他们眼前的问题提出如下建议：针对路堵路窄，没有足够停车场，游者乱跑乱停的问题。我们建议改单行循环，每家农家乐要开辟 5~6 个停车位，绘制村服务功能图、行路图，建立服务公司统一制度。

（2）树立标识。让游客在第一时间知道自己在哪里，想到哪里，最大限度保持村庄的有序，让游客明白方便。

（3）规划河道。目前政府做的河道改造是不能用的，也是对村景观的破坏。樱桃沟有山无水，不是没有水，而是没有利用好水。乡村景观，一般指的是山水。有山无水不可持续，不合风水。河道与水成为规划重点项目。

（4）保护旧房。

（5）修复村的本土文化，新建有山区地域特色的民房，完善全村的旅游配套，使其具有现代功能，适应农民生活与生产。让乡村更具有文化与乡村气质，更加拉大与城市的距离，距离越大，价值越高。

（6）治理村庄环境与污染问题。全力推动"孙式乡村水改系统"，让污水循环，让污水再用，让污水封闭运行。资源分类，不再以集体为主体，而是以家庭为主体，集体只是上门收，家庭环境与分类不好者不收。组织妇女儿童作为强大的宣传队伍，协助村干部监理一个长效机制。对游客建议"留下微笑，带走垃圾"环保行动，让市民见证农民的环保素质。

（7）创建有机食品环境，提供多元化服务。

这是一项重要指标，建议不能做农家乐的农户，就开辟有机种植与养殖。有的做运输、汽车清洗充气、超市、环卫、督促、幼儿托管等工作。让其余的村民参与经营，这对乡村稳定很重要，乡村尽量要集体致富，贫富差距越小越稳定。

（8）扩大服务群体。

樱桃沟村的消费 90% 以上是本地人，本地人不能称旅游，只能是最低端的消费。下一步要扩大十堰市以外的消费人群，核心是能否让人住下来。住是旅游的核心。解决这个，消费人群就能扩大，旅游也才能实现。这也是樱桃沟旅游经济的特殊性中最难一点。建立集体经济、创立品牌。

（9）樱桃沟要做好做大：一是要经济与文化定位明确；二是筹建集体经济；三是完善服务与管理。这三项工作的结果就是建立起自己的品牌。品牌不是宣传出来的，也不是有了好听与震撼的规划就可能完成的，而是要踏踏实实地做出来。有了品牌才会有自己的市场与客户。

（10）增加旅游标识。这是让每一位游客在村的任何地方，都知道自己在什么位置，能安心游玩，尽情消费。说到品牌，视角很重要。农家乐户要有既有统一性又有艺术性的餐具、服装、标识、服务用语、言辞举止、消费价目单、导游图等。这些都是外在强化品牌的重要媒介。

乡村就是乡村，不论如何建设与规划，村民的朴实与厚道是乡村旅游的重要的吸引力，也是城市人离开冰冷的人群来到热情的乡村的原因之一。离开水泥钢筋到乡村感受泥土与自然芬芳这是原因之二。农民传统的磨豆腐、做豆腐、酿酒、磨豆浆、自留地里的菜等这些食品留有人的温度，拥有人的情感。这些与超市里在工厂生产出来的产品有本质的区别。这些对都市人来说的贵族食品到了乡村花很少的钱就可以尽情享受，这是原因之三。

新农村建设要村民忙起来，这很重要，所以在设计时，尽量把"农民忙"的因素调动起来，不然就叫瞎忙。

另外政府的工程项目一定要与艺术和市场性相结合，目前政府的工程项目对景观的破坏性极大，工程到哪里，破坏就到哪里，这个问题，政府要给予足够的关注。我看了樱桃沟的小流域治理项目，完全不能用，只要做了，樱桃沟景观就完了。这叫花钱办坏事。

规划是让农民生活得更方便，让乡村建设得更像农村，让都市人能找到儿时的桃花源，让规划设计能经得起历史的长河，让乡村文明一代一代地延续下来。

规划落地是所有人的愿望。让规划落地，期待樱桃沟的成功。

2012 年 9 月 2 日于采石古塘路

樱桃沟随记

孙　君

郧县副县长陈茹与我联系四次，我去了。

上网查了一下陈茹介绍的樱桃沟村，不错。这已是一个半成熟的新农村建设项目，樱桃沟距十堰与郧县约 16 分钟车程，空间位置好。

从樱桃沟村的发展来看，可以说明另一个问题，就是村干部能力强，这非常不易，也是做好项目的关键。

湖北省政府发展战略规划办公室（以下简称"圈办"）徐新桥也来这里考察过，绿十字也为"圈办"重点推荐本村，故我得认真调研。

副县长陈茹、发改局副局长及政府办一位工作人员三位女士来襄阳接我和爱人王兴娥。下午 4 点多钟到樱桃沟。开发区管委会王书记在途中接了我们，一起进村。

这里花果成林，满眼绿色，是标准的山区小村。

虽说在搞新农村建设，还好村里没有被建设所损坏，基本保持了原有的面貌，实为难得。

这个村目前面临的问题是：春天是游人的旺季，夏秋冬是淡季，文化与规划定位没有及时做，村民自主参与性、村集体经济是发展中的软肋。

解决这四个问题是我们要做的主要工作，也是目前乡村建设中普遍的问题。这些问题都需要解放思想，改变工作方法。我建议要对所有参与项目的核心人员进行系统的封闭培训。培训分为乡村建设中的规划、乡村建设中的内置金融、乡村建设中的文化与旅游、乡村建设中的有机农业、乡村建设中的资源分类等。

分析实际情况，从项目可操作性的角度考虑，我建议由郧县发改局来牵头。有人牵头这个项目，这还是可行的。

目前樱桃沟村不具备旅游的条件，只属于本地城市居民消费的农家乐。旅游与农家乐是两个概念。目前樱桃沟需要做的有以下工作：

（1）文化定位：樱桃沟属于山区乡村，文化属性具有普遍性，个性不明确，所以樱桃沟新农村建设要做成具有综合性的示范项目。

（2）规划落地：樱桃沟已经是一个半成熟的项目，所以规划一定要具有可实施性和操作性。

（3）公共服务：卫生间、停车场、超市、对外统一咨询电话、质量监督电话、卫生院。

（4）旧房改造：因为这里是贫困地区，户型差异性大，建筑材料各异，功能与建筑强度不等。正因为有这么大的差异，就应该把差异化为优势与特点，差异化、市场化、艺术化地改造 10 户农民的户型，作为郧县民房改造示范户。

（5）乡村景观修复：城市人来乡村，更多的是对乡村自然环境和农民的传统建筑有极大的兴趣。目前，乡村景观趋向园林与城市化，这是很大的误区。樱桃沟的景观很好，但也很乱，同时花期单一，只有春天有。所以这里的景观应该从产业、季节、乡村感等方面做大规划。这对整个郧县 14 个乡村来说都非常重要。

（6）集体经济增强：村庄要持续发展，要有凝聚力，集体经济与村民收入同步增长是唯一出路。以村为单位进行品牌运作管理，筹建以村为单位的乡村养老金融合作社，为村里产业的发展提供资金，为村里老人提供养老服务，以集资者的资本发展集体经济。

（7）服务与管理：这是旅游的核心。之所以说这里还不能称为旅游地，就是因为不具备服务与管理，仅仅是农民家里来了客人，多添几双筷子罢了。衡量旅游的第一个标准是住，在旅游业说的是吃、住、行、乐、游五大功能。没有住就说明不具备旅游基本特性。第二个标准就是非本地人，这是家里人与外来人的消费关系。樱桃沟村 90% 为本地人（十堰地区），这种旅游具有不稳定性，短期性。

这一点恰恰是乡村旅游或县以下旅游业的最大软肋。

1. 中国郧县印象

我是第一次把"中国"这两个字用在郧县之前，以前从来没有这样讲过写过，郧县可以。

郧县发现了古人类的头盖骨，是亚洲人类从爬行到直立行走人的发祥地，距今已经 100 万年。这里也是世界上唯一发现一亿四千万年前恐龙与恐龙蛋共生的地方，故引起世界的关注。郧县也是中国唯一一个拥有中国 5000 年文明（没有间断）

的地区，郧县填补了中国文明中夏商周的历史。这里也是中国文物与文化大县。同时也是汉水与楚文化的发展摇篮，仅一个县就拥有100多件国家一级文物。当地民间流传"深翻三尺深、土里出黄金"实为不谬。

2012年7月5日来郧县之前，我从网上看了不少郧县的历史，也读了陈茹副县长对家乡的推荐，重点说的是文化与历史。

7月6日至7日两天，在领导和专家的陪同下对青龙山恐龙景区、韩家洲遗址、天主教堂、王家学村、樱桃沟村等一一参观。两天多的感受是历史太有文化，现实太没有文化。

一个有如此文化与文明底蕴的城市，居然也与成千上万个城市一样，文化惨白，历史沉寂。千篇一律的建筑，遍及每一个角落的麻将机和瓷杯的酒文化，这就是当下的中国文化，不仅仅俗，而且让人感觉就是低俗文化。

一个地区有没有文化，有几个重要判断标准：

（1）政府官员是不是热衷当地的历史与文化

这种热爱会体现在政府大楼、体育场、广场、火车站、博物馆，以及政府官员的办公室与走廊。如果政府官员不热爱，市民一定不热爱。一旦市民不热爱，这就真叫没有文化。

（2）平民的生活状态

一个地方有没有文化，关键在于我们的生活方式和消费形式，这个生活就是"衣食住行"。衣是品味与色彩，住是建筑，食是饮食与环境，行是城市的规划，还有言行文明，垃圾分类，喝酒适度，能说普通话……这些都是一座城市与国际接轨，与文明城市接轨的重要因素。这些小事有文化了，城市就有文化了。郧县绝对是有文化的城市，可是郧县人基本生活在一个不拘小节的文化的空间中。郧县文化是指大家认同并熟悉的文化，比如说恐龙、郧县人、有历史记忆的建筑，有大家喜欢和熟悉的文化活动(郧县还是保留了一些，如龙舟、舞狮等)。

我们大多数的文化只有到了出土的地方才会知道，只有到招商或重大节日的时候人们才会重视。文化平时与大众生活没有关系，生活中只是把文化作为一种工具或是一种表演，这样的城市就不会有文化。文化必须让平民与大众熟悉与热爱，今天的郧县把文化藏起来了，在道路、广场、学校、超市、街道、公园、酒店的过道、麻将室的墙上，很难看出郧县文化。文化与大众非常陌生，这导致文化的丢失。

（3）市场

郧县文化有独特性，有唯一性，关键是还能代表中国，这三点是市场的重要特性。目前城市文化环境不适，城市没有自己的特点，市场性不够。好在目前郧县的县委政府开始关注，并积极想办法，取得了一定的成效。

市场无市，这是郧县人不会做生意或者说不善于做生意。什么叫生意？来人就是生意，有人就有市场，市场文化取决于有没有货（商品）。郧县绝对有货有商品，那问题在哪里呢？

我个人认为问题是我们决策者没有站在市场与购买者(旅游者)的角度考虑问题，这是问题的关键。

比如说，我们政府官员到青龙山参观，有专车，有人准备免费的门票，有人准备好沿途喝的水，准备好酒店和特色地方菜，有人安排好晚上的水果和活动，有人准备好返程飞机或软卧，旅行与参观一切都很完美，于是官员就会对游客说，郧县是旅游城市，是宜居城市。其实不然，只有我们官员把自己当作一个普通人，一个人从火车站顺利、开心地到达青龙山恐龙风景区，并能顺利返回自己的家时，这就具备了市场。再比如，我到了辽瓦店子遗址、王家学村和樱桃沟村时，由于环境问题每一次都要憋着不去厕所，回到城里才能解决，这时我不愿意再去这些农家乐了，我更不愿意多留一秒钟，更不会有心思品味郧县文化了。市场机会其实就是在这些小问题中一点点消失掉的。

（4）文化与规划特性

一个城市不是没有规划，而是怕规划的定位不明确，文化与审美不确定，就等于没有规划。

我们不能说郧县没有规划，郧县在规划，在建筑，一直在做规划的评审，在一轮又一轮聘请高水平的规划设计单位。可是为什么我们今天郧县建设得自己也找不到方向了，规划得如此没有郧县的文化特点与个性？这是我们没有把握规划与文化的特性以及规划规律性造成的。

什么是文化的特性？假如我们在郧县的大街，随便看到一个恐龙（不管是云南的龙，还是非洲的龙），人们的第一个联想一定是本地的郧县恐龙，这是人们的习惯思维，也是人们对郧县恐龙的认知与认同，这个习惯就是文化认知特性。

规划有严格的地域性，有绝对的生命本色，就像一个人的成长，从小到大，虽然年龄增长了，可是人们的基本特征是明显的。我们不可能从小到老会脱胎换骨，不可能把中国人变成美国人，也不可能把郧县人变成北京人。

现在很多城市人要把巴厘岛搬来，把法国风情街搬来，把威尼斯水城搬来，把北京王府井搬来，结果是什么呢？把北京搬来后，从房子里走出来的还是郧县人；把巴厘岛搬来了，从巴厘岛走出来的还是村里的人。这叫表里不一，这就不叫规划，而叫乱划。

规划是一种行为，一个城市持续发展的方向。如果规划不停地改，不停地做，那一定是规划的文化定位不明确所致。

规划是明确城市的建设风格、色彩体系、建筑的高低与节奏、道路的功能、人居的识别系统、精神与信仰的归宿等。而今天的规划是当作工程与产品来做，有的是作为一种政治任务来完成，这就造成规划与建筑进入迷途。

规划与文化不能分离，只要分离，就是灵魂出壳。

2. 建议

从宏观来说，郧县在全面提升"文化立县，旅游兴县"。这个定位是正确的，也符合郧县的发展需要。从这个角度来说，我个人建议：所有尚未动工的一般性项目暂停下来，对目前工程只做外表色彩和局部建筑材料的调整，以及环境规划的微调。正在规划中的项目，进行明确的规划与建设中文化的定位。这样，虽然要慢一两个月，但可以有一个全新的郧县，这会让郧县少走 30~50 年的弯路。有这样几个具体建议：

（1）建设郧县移民遗址公园

目前对郧县来说，保留一定移民拆迁遗址比建 20 个新楼还重要。郧县人为南水北调所做出的贡献与牺牲，仅仅有几个人说是不能感动人的，要通过一些震憾人的拆迁遗址村来打动人，人们就会联想到郧县人的贡献与牺牲。

（2）以点带面聚集文化

建议选一条 200~300 米的街道，进行文化性的综合改造。这条街作为郧县的城市名片和郧县文化的诠释。主要是把"郧县人"与"郧县恐龙"以行为艺术与后现代的表现手段展示给人们。对道路进行重新定位，让街回到"通而不畅"的状态。提升城市商业活力，对门面、广告、树木、卫生间、垃圾分类、公用电话、灯光等合理布局和装饰，增加中英文对照路牌和盲道，以旅游者的要求来做规划定位。

对于经济并不发达的郧县来说，不一定要求整个城市现代化、国际化，可以先选择一个点、一条街，要做好、做精，以点带面。

（3）加大视觉上的冲击力

目前对于一个具有代表中国文化能力的郧县来说，有一处建设与规划，我感觉可以调整一下，就是青龙山入口处与沿岸带景区。这个地方是移民安置区，也是视觉感观上最宽阔的汉江，江面有一座汉江大桥，紧邻恐龙景区，所以这里是展现郧县文化特别重要的地方，也是一次机会。建议目前的工程可缓一下，做局部调整，可事半功倍。

①大桥没有文化属性。大桥结构不改，外形微调，因为大桥给人第一印象想到的不是郧县文化，而是杭州。这是文化定位的错误。如此之大的投入，又在如此重要的地方，又是县里强调文化再现的时机，却让人想到杭州？不可思议，希望慎重。建议此桥调整为郧县5000年历史不间断的"中国桥"，走完这座桥就走完5000年中国文化。要求做得简单，有艺术性，但不能生硬，不要模仿。艺术贵在创新，要原创性。只有这样，郧县人和旅游者才会认同这座桥成为郧县的文化标志之一。

②移民区前段是一片十分开阔的耕地，目前是利用土地平整政策，作为农民大棚。建议做部分调整，把大棚改为种荷花与湿地经济，完成从农业转向景观农业的转变，一产向三产的转变。我们可以在湿地和荷花淀上做大大小小的恐龙。从城市看，河对岸要有震憾感，要有"恐龙天下"之感。利用青龙山民居（白色），沿江的湿地（约100米宽，绿色）和浩瀚的汉江古代码头和朝廷设置监管水务的水驿等三个景观面交替来展现最有魅力的郧县文化。

③青龙山大门与230户民居，我看了现有的规划。有的规划与设计可与设计单位商议重做。这个规划没有文化倾向，正是文化定位不清才会有今天这种不理想的规划。

青龙山大门民居应该重新回归本地建筑艺术风格。从夏商周到明清，可选的时代风格很多很多，而不是徽派不像徽派、川西不似川西的风格。另外，大门与社区办公楼和前面小广场不具有文化性与市场性，应该重做。谈不上艺术性，这里说的艺术性是指原创性。

郧县目前规划与设计绝大多数是临摹与产品化设计，这些作品还没有建好就注定是过时和落后的，就注定不具有市场性。也就是说，郧县新的规划越来越远离市场与文化。当然，不仅是郧县，全国绝大多数都如此。

中国文化在越来越不自信中东（中国）张西（方）望。中国文化在经济发展中越来越软弱，这是民族性与精神文明建设的不幸。说难听一点，人的本性越来越趋向动物的本性。

④ 14 个新农村建设村，以产业为起点，以文化为定位，以经济为纽带，以旅游为市场。因为这 14 个村占据了郧县核心的位置，承担着农业向旅游业过渡的任务。所以在这次规划与建设时，最大限度地还原村庄的个性、村庄的特色，以此体现当地淳厚的民风。

⑤听说韩家洲已在规划，并意识到价值与定位，很好。

韩家洲位置太好了，一眼望去，就是军事要塞，是韩信所居之地。山上有遍地的 5000~10000 年遗址碎片，古墓与文物遍地（不过级别不高）。这个地区对市场与游客来说极有诱惑力。这里的建筑要利用江心岛的不便交通与文物遗址、古墓、碎片特点，为具备高档文化性的游客，设计与规划一片具有探索与寻宝意义的市场旅游区（这个过程也是对文物与保护的一个教育与普及的过程）。

因为时间太短，文化太厚太重，又来去匆匆，有言语不当不敬之处望原谅。

谢谢陈茹副县长、郭永莲、王诗礼等朋友两天来的热情介绍，他们对家乡的热爱与关心，不断地感染我、吸引我，再次表示谢意。

2012 年 7 月 7 日十堰至北京记之